草图大师SketchUp
效果图设计基础与案例教程

卫涛 徐亚琪 张城芳 刘雄◎编著

清华大学出版社

北京

内 容 简 介

本书结合大量典型实例，循序渐进地介绍草图大师 SketchUp 的基础知识及其在建筑设计中的应用。本书可以帮助读者深刻理解所学知识，并提高绘图操作的熟练度。作者专门为本书录制了大量的高品质教学视频，帮助读者更加高效、直观地学习。读者可以按照本书前言中的说明获取这些教学视频和其他配套教学资源，也可以直接使用手机扫描二维码在线观看教学视频。

本书共 9 章，分为 2 篇。第 1 篇"操作方法"（第 1～6 章），从设计软件和三维软件的基本功能出发，介绍 SketchUp 的优势与特点，涵盖操作界面、绘图环境设置、二维图形绘制、三维图形建模、动画制作，以及插件与组件的制作及应用等内容；第 2 篇"设计案例"（第 7～9 章），通过 3 个典型案例介绍 SketchUp 在橱柜设计、室内设计和建筑设计中的应用。

本书内容翔实，实例典型，讲解由浅入深，适合室内设计、建筑设计、城乡规划设计、园林景观设计行业的从业人员阅读，也可供房地产开发与策划、建筑效果图设计与动画制作等从业人员阅读。另外，本书还可以作为相关院校及培训学校的教材。

图书在版编目（CIP）数据

草图大师 SketchUp 效果图设计基础与案例教程 / 卫涛等编著. —北京：清华大学出版社，2021.6（2024.7 重印）

ISBN 978-7-302-58405-6

Ⅰ. ①草… Ⅱ. ①卫… Ⅲ. ①建筑设计－计算机辅助设计－应用软件－教材 Ⅳ. ①TU201.4

中国版本图书馆 CIP 数据核字（2021）第 117745 号

责任编辑：秦　健
封面设计：欧振旭
责任校对：胡伟民
责任印制：沈　露

出版发行：清华大学出版社
网　　　址：https://www.tup.com.cn，https://www.wqxuetang.com
地　　　址：北京清华大学学研大厦 A 座　　　邮　　编：100084
社 总 机：010-83470000　　　　　　　　邮　　购：010-62786544
投稿与读者服务：010-62776969，c-service@tup.tsinghua.edu.cn
质量反馈：010-62772015，zhiliang@tup.tsinghua.edu.cn

印 装 者：小森印刷霸州有限公司
经　　销：全国新华书店
开　　本：185mm×260mm　　　印　　张：21.75　　　字　　数：546 千字
版　　次：2021 年 7 月第 1 版　　　　　　印　　次：2024 年 7 月第 5 次印刷
定　　价：79.80 元

产品编号：092023-01

前　言

1997 年，笔者还在大学读书，有一次帮助老师用 AutoCAD R12（DOS 平台）建一个室内模型，由于场景太复杂，使用了 100 多个 UCS（用户坐标系），而笔者的任务就是记录 UCS 编号，在老师需要的时候准确上报相应的 UCS 编号。

1999 年，笔者做毕业设计，当时使用 AutoCAD R14（Windows 平台）建一个小区的完整模型，为了观看整个小区的光影效果，花了数小时等待 Render 命令的运行结果。

到 2005 年，这些复杂、烦琐和低效的操作笔者都不需要再做了，因为当时接触了 SketchUp 软件。它是一款面向设计过程的三维设计软件，其简洁的界面、高效的操作和所见即所得的特点深深地吸引了笔者。使用 SketchUp 数小时就能建好一个室内模型，一天就可以建完一个小区的模型。更具优势的是，使用 SketchUp 可以边建模型边与业主沟通，效率之高是原来的设计软件无法比拟的。为了和广大同行分享这个好工具，笔者在工作之余编写了《建筑草图大师 SketchUP 效果图设计流程详解》一书，并于 2006 年 9 月在清华大学出版社出版发行。这是国内第一本中文版的 SketchUp 图书，一出版就受到大量读者的好评，后来又历经两次改版，累计 25 次印刷（截至 2020 年 12 月）。

2006 年，@Last Software 公司将 SketchUp 出售给 Google（谷歌）公司。Google 为其开发了导入 Google Earth（谷歌地球）的接口，设计师可以使用 SketchUp 建房子的模型，然后将其导入 Google Earth 中。传言 Google 收购 SketchUp 的目的就是丰富 Google Earth 上的建筑模型，正是看中了 SketchUp 建模容易上手这个优点。

2012 年，Trimble（天宝）公司收购了 SketchUp。如果说 Google 收购 SketchUp 是为了"人人"，将软件面向非专业人士，那么 Trimble 收购 SketchUp，则是为了将软件面向专业人士。

2015 年，Trimble 公司推出了第一个运行于 64 位 Windows 平台上的 SketchUp 版本，即 SketchUp 2015。由于 64 位的 Windows 支持大于 4GB 的内存，并支持多 CPU 和双显卡，因此之前 SketchUp 软件存在的卡顿、闪退和蓝屏的情况在新平台上大大减少，而且可以用该软件创造出更大的场景文件。

经过十几年的积累和沉淀，笔者对 SketchUp 的认识在变，教学方法也在变，而且 SketchUp 软件的功能也在变，之前的老版本图书已经难以适应当前读者的学习和学校的教学需求。因此笔者决定重新编写一本书，将 SketchUP 软件的新功能和新理念展现出来，以适应当前读者学习和学校教学的实际需要。

SketchUp 软件的特点

1．操作界面很简洁

很多读者都使用过 3ds Max 软件，该软件一启动就是四个视口：正视图、左视图、俯视图和透视图。从建模的角度看，四视口更为方便。设计者一般是在一个视口中建模，在另三个视口中观察模型的形状、位置和大小。但是采用四视口显示，会加重计算机显示系统的负担，需要计算机有较高的性能才行，这无形中会增加学习、交流和使用的门槛。

SketchUp 则不一样，它不仅只有一个视口，而且操作界面简洁，分区合理，设计人员可以方便地找到相应的命令。

2．应用领域很广阔

SketchUp 广泛地应用于规划、建筑、园林、景观、室内、环艺和工业设计等领域。笔者有一次在施工场地做 BIM 咨询服务，那里的工程师就是用 SketchUp 将整个场地布置做出来进行交流的，他说真正的场地布置软件还没有 SketchUp 用起来方便和直观。其实这样的例子很多。

3．推拉功能很方便

SketchUp 中的 Up 是指垂直于面的上拉和下推功能，是该软件中的关键功能和操作，虽然简单，但是可以很方便地生成三维几何形体。只要在一个平面中进行线的封闭就可以生成面，并在这个面上画线封闭形成新的面，对其推拉就可以生成三维形体，这是 SketchUp 独有的建模方法。

4．日照效果很精确

SketchUp 可以通过经纬度的设置来指定项目涉及的所有位置，通过软件可以实时进行阴影与日照分析，甚至还能生成阴影动画。

5．共享组件很丰富

经过十几年的发展，SketchUp 在全球拥有海量的用户，因此不断有人或团队为其开发了大量的组件，设计人员可以直接使用这些组件进行建模。

6．三维剖切很快捷

从图学的角度来说，人们看不到建筑物的内部，因为内部被外墙挡住了。但是建筑专业与室内专业的设计人员却需要看到建筑物的内部。SketchUp 的剖切功能比较方便、快捷，设计人员可以在任意位置进行虚拟剖切，从而生成三维剖视图，快速还原被剖切的对象，这样就可以看到建筑物的内部。

7．中间软件很灵活

SketchUp 的 SKP 文件可以导入 AutoCAD、Revit、3ds Max、Piranesi、Artlantis 和 Cinema

4D 等软件中进行进一步的处理。同样，AutoCAD、Revit、3ds Max、ArchiCAD 和 Rhino 等软件的相应文件也可以导入 SketchUp 中进行处理。

本书特色

1．配备大量的高品质教学视频，提高学习效率

为了便于读者更加高效地学习本书内容，笔者专门为本书录制了大量的高品质教学视频（MP4 格式）。这些视频和本书涉及的素材文件等资料一起收录于本书配套资源中。读者可以用微信扫描下面的二维码进入百度网盘或腾讯微云，然后在"本书 MP4 教学视频"文件夹下直接用手机端观看教学视频。读者也可以将视频下载到手机、平板电脑、计算机或智能电视中进行观看与学习。

手机端在线观看视频有两个优点：一是不用下载视频文件，在线就可以观看；二是可以边用手机看视频，边用计算机操作软件，不用来回切换视窗，可大大提高学习效率。手机端在线看视频也有缺点：一是视频不太清晰；二是声音比较小。

百度网盘

腾讯微云

2．以"面"为核心的建模理念

如果说 AutoCAD 的绘图是依靠一根一根的线组成的，那么 SketchUp 的建模则是由一块一块的面组成的。在 SketchUp 中可以快速统计出场景中的面的数量，从而预估工作量的大小。但不是面数越多越好，要避免出现冗面，因为冗面会占用一定的计算机资源。

3．选用经典案例进行教学

本书详细介绍橱柜设计、室内设计和建筑设计三个案例，这些案例是从笔者积累的 SketchUp 教学案例中精挑细选出来的，其特点是短小精悍，适合课堂教学，也可用于自学实践，读者通过学习这些案例，可以综合应用 SketchUp 的相关知识点。

4．提供完善的技术支持和售后服务

本书提供专门的技术支持 QQ 群（796463995 或 48469816），读者在阅读本书的过程中若有疑问，可以通过加群获得帮助。

5．使用快捷键提高工作效率

本书完全按照专业建模的要求介绍相关的操作步骤，不仅准确，而且高效，能用快捷键操作的步骤尽量用快捷键操作。本书的附录 A 介绍了 SketchUp 常见快捷键的用法。

本书内容

第1篇　操作方法（第1~6章）

第 1 章介绍 SketchUp 的操作界面、绘图环境的设置方法、模型的显示模式、物体的选择方式及阴影的设置方法等。

第 2 章介绍二维图形的绘制、辅助定位工具的使用方法、尺寸标注与文本标注、对象变换的方法及在场景中进行统计的方法。

第 3 章介绍以"面"为核心的建模方法、生成三维模型的主要工具、群组与组件的概念和区别、材质与贴图、模型交错与实体工具两种布尔运算方法。

第 4 章介绍在 SketchUp 中设置相机生成三维相机视图的方法、在软件中漫游的方法、使用页面创建动画的方法，以及图层、漫游和阴影三种动画实例的实现方法。

第 5 章介绍 SketchUp 中常用的第三方插件集 SUAPP 的安装与使用方法，以及软件自带的沙箱工具集的启动与使用方法。

第 6 章介绍透视的分类、在 SketchUp 中进行透视操作的方法，以及建筑照片与室内设计照片的匹配方法。

第2篇　设计案例（第7~9章）

第 7 章介绍在 SketchUp 中建立一个橱柜模型的完整过程，即首先根据已有的橱柜图纸做出大体框架，然后拉出柜体，最后完善细节。

第 8 章介绍在 SketchUp 中建立一个室内设计模型的完整过程，即首先拉出一层主体与门窗，然后进行房间立面的建模，再设计相应的灯具，最后布置家具。

第 9 章介绍在 SketchUp 中建立一个建筑模型的完整过程，即首先根据已有的建筑设计图纸拉出一层主体，然后设计外墙的门与窗，接着建立台阶，再生成二层主体，最后绘制建筑的屋顶部分。

附录 A 介绍 SketchUp 常用快捷键的用法。

附录 B 提供与第 7 章配套的图纸。

本书配套资源

为了方便读者高效学习，本书特意提供以下学习资料：
- ❑ 同步教学视频；
- ❑ 本书教学课件（教学 PPT）；
- ❑ 本书中使用的材质文件和贴图文件；
- ❑ 本书涉及的组件文件；
- ❑ 本书案例的 SKP 文件。

这些学习资料需要读者自行下载，请登录清华大学出版社网站 www.tup.com.cn，搜索到本书，然后在本书页面上的"资源下载"模块即可下载。读者也可以扫描前文给出的二维码进行获取。

本书读者对象

- ❑ 城乡规划设计从业人员；
- ❑ 建筑设计从业人员；
- ❑ 室内设计从业人员；
- ❑ 橱柜设计从业人员；
- ❑ 园林景观设计从业人员；
- ❑ SketchUp 二次开发人员；
- ❑ 房地产开发从业人员；
- ❑ 室内外效果图设计人员；
- ❑ 城乡规划、建筑学、环境艺术和风景园林等相关专业的学生；
- ❑ 相关培训机构的学员。

本书作者

本书由卫老师环艺教学实验室创始人卫涛以及武汉华夏理工学院的徐亚琪、张城芳和刘雄编写。

本书的编写承蒙卫老师环艺教学实验室其他同仁的支持与关怀，在此表示感谢！另外还要感谢出版社的编辑在本书的策划、编写与统稿中所给予的帮助。

虽然我们对书中所讲内容都尽量核实，并多次进行文字校对，但因时间所限，书中可能还存在疏漏和不足之处，恳请读者批评指正。

卫涛

于武汉光谷

目　　录

第1篇　操作方法

第 2 篇　设计案例

第1篇
操作方法

第 1 章　操作界面与绘图环境的设置

SketchUp 以简洁的操作风格在三维设计软件中占有一席之地。该软件的界面非常简洁，很容易上手。通常，用户打开软件后就开始绘图，其实这种方法是错误的。因为很多工程设计软件，如 3ds Max、AutoCAD、Revit、ArchiCAD 和 MicroStation 等，其默认情况下都是以英制单位作为绘图基本单位，所以绘图的第一步是进行绘图环境的设置。

1.1　操　作　界　面

与其他 Windows 平台的操作软件一样，SketchUp 也是使用下拉菜单和工具栏进行操作的，具体的信息与步骤提示是通过状态栏显示出来的。

1.1.1　单一的屏幕视图

SketchUp 的操作界面非常简洁，如图 1.1 所示。中间空白处是绘图区，绘制的图形将在此处显示。

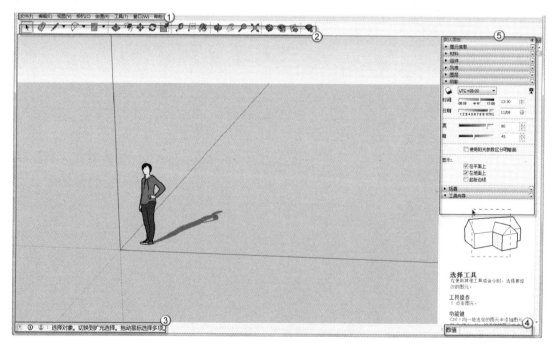

图 1.1　操作界面

SketchUp 软件主要由以下几部分组成：

- ①区：菜单栏。由文件、编辑、视图、相机、绘图、工具、窗口和帮助 8 个主菜单组成。
- ②区：工具栏。工具栏中集成了常用的命令按钮，方便操作。
- ③区：状态栏。当光标在软件操作界面上移动时，状态栏中会有相应的文字提示。
- ④区：数值输入框。屏幕右下角的数值输入框可以根据当前的绘图情况输入长度、距离、角度和个数等相关数值，以起到精确建模的作用。
- ⑤区：默认面板。包括图元信息、材料、组件、风格、图层、阴影、场景和工具向导等多个卷展栏。

计算机的屏幕是平面的，但是建立的模型是三维的。在建筑制图中常用三个平面视图加上一个三维视图来作图，这样的好处是直接、明了，但是会消耗大量的显示资源。3ds Max 三维设计软件就是采用这样的操作方法。而 SketchUp 只用一个简洁的视图来制图，各视图之间的切换非常方便。图 1.2 至图 1.5 分别展示了平面图、立面图、剖面图和三维视图在 SketchUp 中的显示。

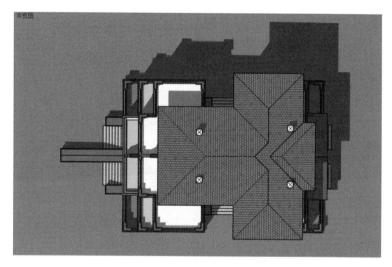

图 1.2　顶视图（平面图）

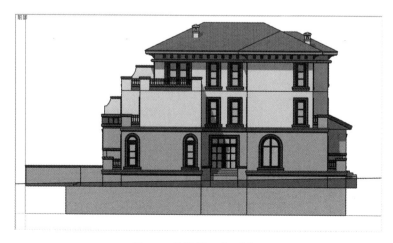

图 1.3　前视图（立面图）

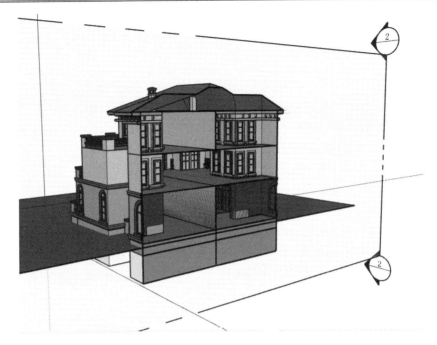

图 1.4 剖面图

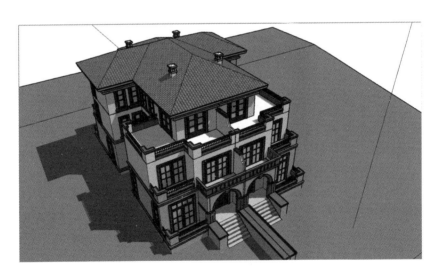

图 1.5 三维透视图

1.1.2 切换视图

平面视图有平面视图的作用, 三维视图有三维视图的作用, 各种视图表达的侧重点不同, 设计师在绘图时经常要进行视图间的切换。在 SketchUp 中只用一组工具栏, 即 "视图" 工具栏就能完成视图间的切换, 如图 1.6 所示。

图 1.6 "视图" 工具栏

视图工具栏中有 6 个按钮，从左到右依次是等轴透视、俯视图、前视图、右视图、后视图和左视图。在绘图的过程中，只要单击"视图"工具栏中相应的按钮，SketchUp 将自动切换到对应的视图中。

1.1.3　旋转三维视图

在三维视图中绘图是设计人员绘图过程中的必要步骤。在 SketchUp 中切换三维视图是非常方便的。在介绍如何切换到三维视图之前，首先介绍三维视图的两个类别：透视图与轴测图。透视图是模拟人眼的视觉特征，使图形中的物体有"近大远小"的关系，如图 1.7 所示。而轴测图虽然是三维视图，但是没有透视图的"近大远小"的关系，距离视点近的物体与距离视点远的物体的大小是一样的，如图 1.8 所示。

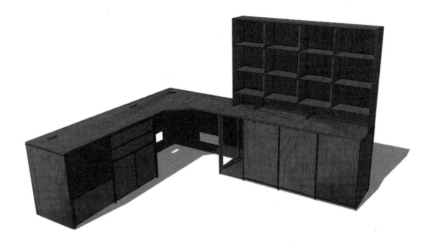

图 1.7　透视图

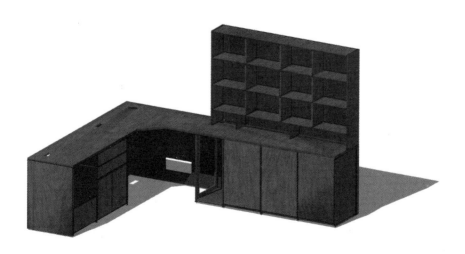

图 1.8　轴测图

在 SketchUp 中，一般以三维操作为主体，经常
绘制好二维底面后还要在三维视图中操作。切换到三维
视图有两种方法：一种是直接单击工具栏中的"转动"
按钮，然后按住鼠标左键不放，在屏幕上任意转动以达
到希望观测的角度，再释放鼠标；另一种方法是按住鼠
标中键不放，在屏幕上转动以找到需要的观看角度，再
释放鼠标。

SketchUp 中默认的三维视图是透视图。如果想切换
到轴测图，可以在"相机"菜单中取消"透视显示"命
令的勾选，如图 1.9 所示。

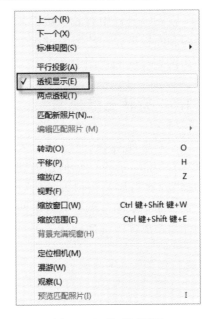

注意：在使用"转动"工具调整观测角度时，SketchUp
为保证观测视点的平稳性，不会移动相机的机
身位置。如果需要观测视点随着鼠标的"转动"
而移动机身，可以按住 Ctrl 键不放再转动。这
一点在教学视频中有更加详细的讲解。

图 1.9 切换到透视图

1.1.4 平移视图

不论是在二维软件还是在三维软件中绘图，用得最
多的两个命令是"平移视图""缩放视图"。平移视图
有两种方法：一种是直接单击工具栏中的"平移"按钮，
另一种是按住 Shift 键不放，再按住鼠标中键不放进行
视图的平移。这两种方式都可以实现对屏幕视图水平方
向、垂直方向和倾斜方向的任意平移。具体操作如下：

（1）在任意视图下单击工具栏中的"平移"按钮，
光标将变成手的形状，如图 1.10 所示。

（2）向任意位置移动鼠标，以达到最佳观测视图。

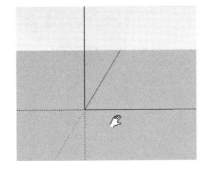

图 1.10 "平移"工具

1.1.5 缩放视图

绘图是一个不断地从局部到整体，再从整体到局部的过程。为了精确绘图，设计师需
要放大图形以观察局部的细节；为了进行全局性的调整，设计师会缩小图形以查看整体的
效果。SketchUp 的缩放视图共有 4 个工具，如图 1.11 所示。从左到右 4 个按钮依次是缩放、
缩放窗口、充满视窗和上一个。

"缩放"工具的作用是将当前视图动态地放大或缩小，能够实时地看到视图的变化过
程，以达到设计师作图的要求。具体操作如下：

（1）单击工具栏中的"缩放"按钮，此时屏幕中的光标会变为如图 1.12 所示的放大
镜形状。

（2）按住鼠标左键不放，从屏幕上方往下方移动是缩小视图；按住鼠标左键不放，从

屏幕下方往上方移动是扩大视图。

（3）当视图放大或缩小到希望达到的范围时，松开鼠标左键完成操作。

在任何情况下，可以上下滑动鼠标滚轮来完成缩放功能。鼠标滚轮向下滑动是缩小视图，向上滑动是放大视图。

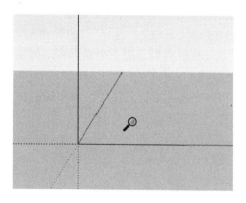

图 1.11　缩放工具　　　　　　　　图 1.12　"缩放"工具

"缩放窗口"工具的作用是将指定的一个窗口区域内的图形最大化显示于视图屏幕上。这是一个将局部范围扩大的工具。具体操作如下：

（1）单击工具栏中的"缩放窗口"按钮，这时屏幕中的光标会变成带一个虚线四方形的放大镜。

（2）按住鼠标左键不放，在屏幕中拖出一个矩形的窗口区域后释放鼠标，这个窗口区域就是需要放大的图形区域。这个窗口区域中的图形将会最大化显示在屏幕上。

"充满视窗"工具的作用是将整个可见的模型以屏幕的中心点为中心最大化地显示在视图上。其操作步骤非常简单，单击工具栏中的"充满视窗"按钮即可完成。

"上一个"工具的作用是恢复显示上一次视图。单击工具栏中的"上一个"按钮即可完成。

注意：大多数计算机配置的都是带滚轮的鼠标，鼠标滚轮可以上下滚动，也可以将滚轮作为中键使用。为了加快 SketchUp 中的作图速度，对视图进行操作时应该最大限度地发挥鼠标的如下功能：

❑ 按住中键不放并移动鼠标实现"转动"功能；

❑ 按住 Shift 键不放加鼠标中键实现"平移"功能；

❑ 将滚轮鼠标上下滑动实现"缩放"功能；

❑ 双击鼠标中键实现"充满视窗"功能。

1.2　设置绘图环境

绘图环境主要就是调整当前的系统单位，以我国建筑业常用的"毫米"作为单位。本节将介绍如何设置单位、设置坐标系和使用模板的相关内容。

1.2.1　设置单位

默认情况下 SketchUp 是以美制的英寸为绘图单位的,这就需要将系统的绘图单位改为我国标准中的要求——以公制的毫米为主单位,精度为"0mm"。具体操作如下:

（1）选择"窗口"|"模型信息"命令,弹出"模型信息"对话框。选择"单位"选项卡,可以看到软件默认是英寸为单位,如图 1.13 所示。这种情况不适合我国的制图要求,必须进行调整。

（2）在"长度单位"选项区域中进行如下调整:

❏ 将"格式"改为"十进制"。

❏ 将"精确度"改为"0mm",如图 1.14 所示。

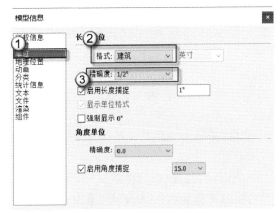 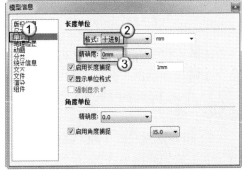

图 1.13　系统默认的单位　　　　　　　　图 1.14　实际绘图需要的单位

（3）按 Enter 键完成绘图单位的设置。

🔔注意:角度单位不用设置,国外与国内都是统一使用"度"为单位。

1.2.2　设置场景的坐标系

与其他三维建筑设计软件一样,SketchUp 也使用坐标系来辅助绘图。启动 SketchUp后,会发现屏幕中有一个三色的坐标轴。红色的坐标轴代表"X 轴向",绿色的坐标轴代表"Y 轴向",蓝色的坐标轴代表"Z 轴向",其中,实线轴为坐标轴正方向,虚线轴为坐标轴负方向,如图 1.15 所示。

根据设计师的需要,可以更改默认的坐标轴的原点和轴向。具体操作如下:

（1）选择"工具"|"坐标轴"命令,发出定义系统坐标的命令,可以看到此时屏幕中的鼠标指针变成了一个坐标轴,如图 1.16 所示。

（2）移动鼠标指针到需要重新定义的坐标原点,单击鼠标左键完成原点的定位。

（3）转动鼠标指针到红色的 X 轴需要的方向位置,单击鼠标左键完成 X 轴的定位。

（4）转动鼠标指针到绿色的 Y 轴需要的方向位置,单击鼠标左键完成 Y 轴的定位。

此时可以看到屏幕中的坐标系已经被重新定义了。

如果想在绘图时出现如图 1.17 所示的用于辅助定位的 X、Y、Z 轴定位光标，就像在 AutoCAD 中绘图时的屏幕光标一样，可以使用以下方法来开启。

选择"窗口"|"系统设置"命令，在弹出的"SketchUp 系统设置"对话框中选择"绘图"选项，勾选"显示十字准线"复选框，单击"确定"按钮，如图 1.18 所示。

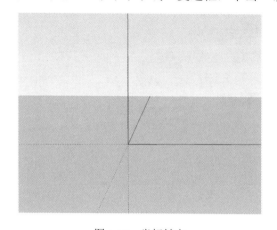

图 1.15　坐标轴向

图 1.16　鼠标指针的变化

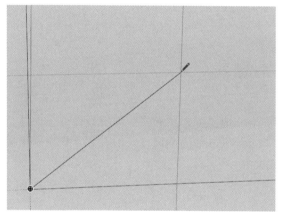

图 1.17　辅助定位的十字光标

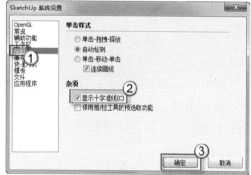

图 1.18　显示定位光标的操作

注意：本节中讲解的"设置场景坐标轴"与"显示十字准线"这两个操作并不常用，对于初学者来说不需要过多地去研究，了解即可。

1.2.3　使用模板

如果每次绘图时都要设置绘图单位，则会很麻烦。在 SketchUp 中可以直接调用模板来绘图，"模板"中已经将绘图单位设置好了。具体操作如下：

（1）选择"窗口"|"系统设置"命令，在弹出的"SketchUp 系统设置"对话框中选择"模板"选项。

（2）单击下拉列表框，在模板中选择"建筑设计-毫米"选项，这是以公制的毫米为单位作图，单击"确定"按钮完成模板的选择，如图 1.19 所示。

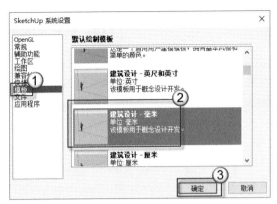

图 1.19　选择模板

但是此时系统并不是以"毫米"为单位作为模板。需要关闭 SketchUp，然后再重新启动软件，系统才装载指定的"毫米"模板。

注意：实际上，在第一次使用 SketchUp 这个软件时就应该加载"毫米"模板，这是一劳永逸的做法，以后作图时就不需要再设置绘图单位了。

1.3　物体的显示

在制作设计方案时，设计师为了让甲方能更好地了解方案形式，理解设计意图，往往会从各种角度，用各种方式来表达设计成果。SketchUp 作为面向设计的软件，提供了大量的显示模式，以便设计师选择适合的表现手法。

1.3.1　7 种显示模式

在进行室内设计时，周围都有闭合的墙体。如果要观察室内的构造，就需要隐去一部分墙体，但隐藏墙体后不利于观察整体的房间效果。有些计算机的硬件配置较低，需要经常切换"线框"模式与"材质与贴图"模式。这些问题在 SketchUp 中都能够很好地解决。

SketchUp 提供了一个"风格"工具栏。该工具栏共有 7 个按钮，分别代表模型常用的 7 种显示模式，如图 1.20 所示。这 7 个按钮从左到右依次是 X 光透视模式、后边线、线框显示、消隐、阴影、材质与贴图、单色显示，这就是设计师经常提到的"7 种显示模式"。SketchUp 默认选用的是"着色"模式。

图 1.20　"显示模式"工具栏

（1）X 光透视模式：使场景中所有的物体都是透明的，就像用"X 光"照射的效果一样。在该模式下，可以在不隐藏任何物体的情况下非常方便地查看模型内部的构造，如图 1.21 所示。

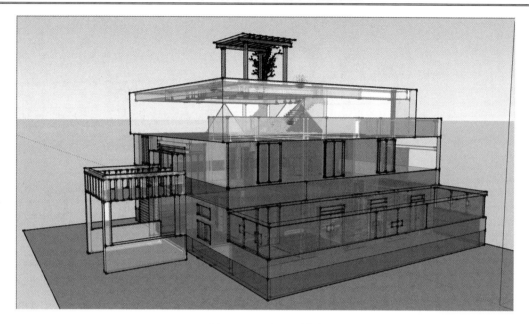

图 1.21　X 光透视模式

（2）后边线：用虚线表示隐藏在后面的边线，如图 1.22 所示。这种模式基本不用。

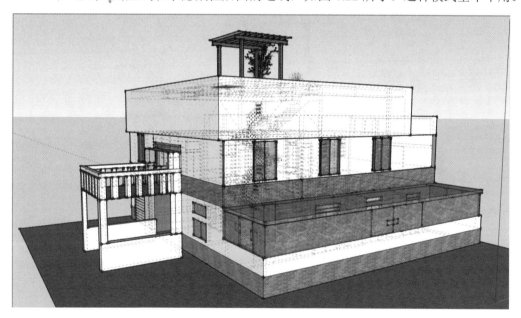

图 1.22　后边线模式

（3）线框显示：将场景中的所有物体以线框的方式显示。在这种模式下，场景中模型的村质、贴图和面都是失效的，但是显示速度非常快，如图 1.23 所示。

（4）消隐：在线框模式的基础上将被挡在后部的物体隐去，以达到"消隐"的目的。该模式更加有空间感，但是在后面的物体由于被消隐，无法观测到模型的内部，如图 1.24 所示。这种模式实际上就是"面"模式，用一种单色的面来表示物体，显示速度比线框模式略慢。

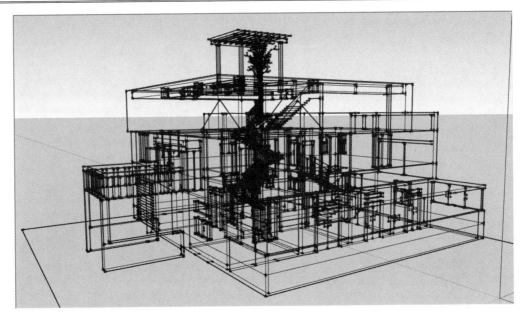

图 1.23　线框模式

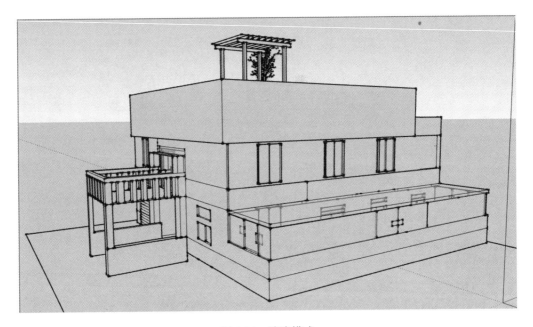

图 1.24　消隐模式

（5）阴影：让模型的表面显示颜色，如图 1.25 所示。

（6）材质与贴图：当场景中的模型被赋予材质后，可以显示出材质的纹理贴图的效果，如图 1.26 所示（①处是玻璃材质的纹理贴图，②处是墙裙材质的纹理贴图）。如果模型没有使用纹理贴图，则此按钮无效。

注意："材质与贴图""阴影"模式的区别是，"阴影"模式是显示对象的颜色，而"材质与贴图"模式除了显示对象的颜色之外，还显示纹理贴图。

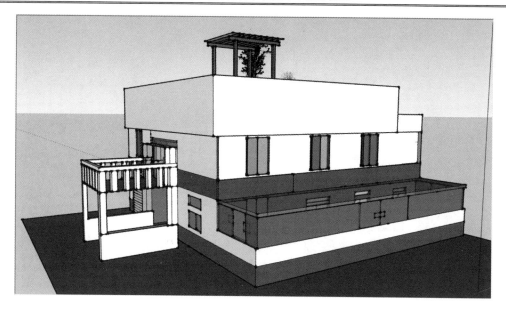

图 1.25　阴影模式

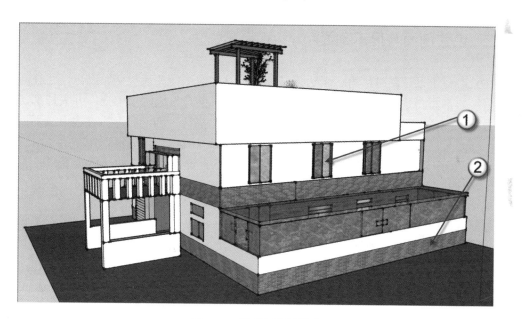

图 1.26　材质与贴图模式

（7）单色显示：在消隐模式的基础上将模型的表面用颜色来表示，如图 1.27 所示。这种模式是 SketchUp 默认的显示模式，在没有指定表面颜色的情况下系统用白色来表示正面（②处），用蓝色表示反面（①处）。关于正反面的问题，在后面讲解建模时有更加详细的介绍。

🔔注意：对于这 7 种显示模式，要针对具体情况进行选择。在绘制室内设计图时，由于需要看到内部的空间结构，可以考虑用 X 光透视模式；绘制建筑方案时，在图形没有完成的情况下可以使用消隐模式，这时显示的速度会快一些；图形完成后可以使用材质与贴图模式来查看整体效果。

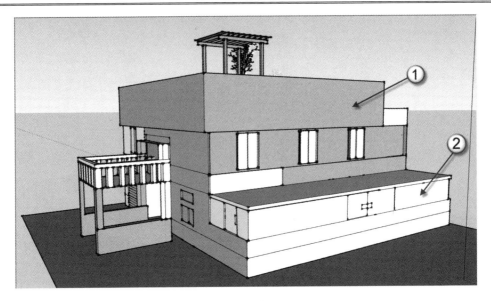

图 1.27　单色显示

1.3.2　设置剖面与显示剖面

在绘制建筑设计图时，为了表达建筑物内部纵向的结构关系与交通组织，往往需要绘制剖面图。剖面图是用一个虚拟的剖切面将建筑物"剖开"成两个部分，并去掉剖切面与视点之间的部分，观看剩余部分。在 SketchUp 中，"剖切"这个常用的表达手法不但容易操作，而且可以动态地调整剖切面，生成任意的剖面方案图。具体操作如下：

（1）选择菜单栏中的"工具"|"剖切面"命令，此时屏幕中的光标会变成带有方向箭头的绿色线框。其中线框表示剖切面的位置，箭头表示剖切后观看的方向，如图 1.28 所示。剖切后，模型将虚拟地被一分为二，背离箭头那部分的模型将被自动隐藏。

（2）将鼠标光标移动到需要剖切的位置，单击鼠标左键确认，红色的表示被剖切到的部分，如图 1.29 所示。通过这样的剖切图，可以很容易地观察到模型内部的构造。

（3）对切面进行调整。主要有两种方法：一种是对切面进行旋转，另一种移动剖切面。单击剖切面，剖切面将变成黄色的激活状态，此时可以使用"旋转"工具或"移动/复制"工具对剖切面进行调整，以获得理想的面图。"旋转""移动/复制"这两个工具后面会介绍。

完成剖面图的绘制后，右击屏幕中的剖切面，会弹出一个快捷菜单，如图 1.30 所示。通过这个菜单，可以进行隐藏剖切面、翻转剖切方向、将三维剖切视图转换为平面剖切视图操作。

隐藏剖切面时，直接选择图 1.30 所示的"隐藏"命令，这时剖切面会被隐，如图 1.31 所示。如果需要恢复显示剖切面，可以选择"编辑"|"显示"|"全部"命令，这时隐藏的剖切面会在屏幕中显示出来。

"反转剖切方向"的功能主要是将剖切方向翻转 180°，将原来剖切后隐藏的部分显示出来，显示的部分隐藏起来。操作方法是直接选择图 1.30 中的"翻转"命令，此时会得到如图 1.32 所示的剖面图。与图 1.31 相对比，剖切面正好转动了 180°，显示部分与隐藏部分整个调换过来。

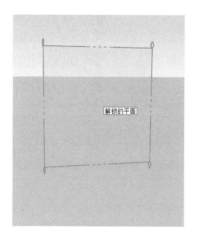

图 1.28　剖切时的光标

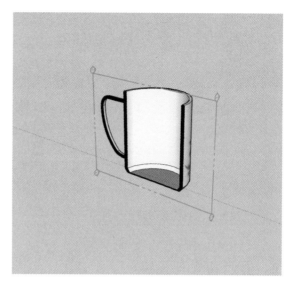

图 1.29　初步建议的剖切面

图 1.30　剖切面的右键快捷菜单

图 1.31　隐藏剖切面

　　"将三维剖切视图转换为平面剖切视图"主要是工程制图的需要。因为建筑施工图要求全部用平面图来表示,不允许出现三维视图,这与方案图的三维视图、平面视图的要求不同,所以有时也需要纯平面的剖面图。操作方法是直接选择图 1.30 中的自"对齐视图"命令,此时屏幕会以剖切面为正视方向,转成正投影的平行剖面图,如图 1.33 所示。

注意:在 SketchUp 中,剖面图的绘制、调整和显示很方便,可以很随意地完成需要的朝面图。设计师可以根据方案中垂直方向的结构、交通和构件等情况选择剖面图,而不是为了绘制剖面图而绘制。

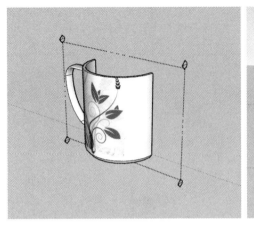 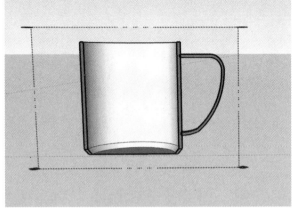

图 1.32 翻转剖切面   图 1.33 平面剖切视图

1.3.3 显示背景与天空

　　实际中的物体不是孤立存在的，必须通过周围的环境烘托出来，而最大的"环境"就是背景与天空。在 SketchUp 中，可以直接显示背景与天空。如果设计师觉得这样过于单调或简单，可以将图形输出到专业软件如 Photoshop 中进行深度加工。显示背景与天空的具体操作步骤如下：

　　在"默认面板"中打开"风格"卷展栏，选择"预设风格"文件夹中的"普通样式"选项，如图 1.34 所示。

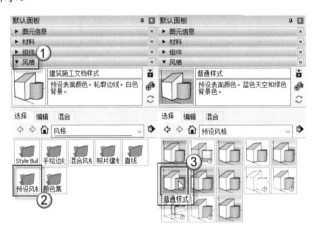

图 1.34 "预设风格"对话框

此时可以看到 SketchUp 中已经呈现出天空与背景的风格效果，如图 1.35 所示。

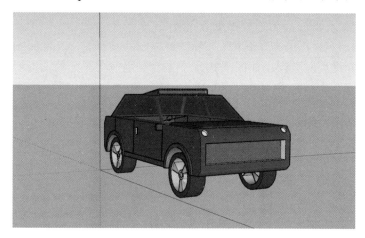

图 1.35　天空与背景的效果

注意：在 SketchUp 中背景与天空都无法贴图，只能用简单的颜色来表示，如果需要增加配景贴图，可以在 Photoshop 中完成。也可以将 SketchUp 中的文件导入空间彩绘大师（Piranesi）中生成水彩画、马克笔画的效果图。

1.3.4　图层管理

很多图形图像软件都有"图层"功能。图层的功能主要有两大类，一类如 3ds Max、AutoCAD 等，作用是管理图形文件；另一类如 Photoshop 等，作用是绘图时做出特效来。

SketchUp 中的图层用来管理图形文件。SketchUp 主要是单面建模，单体建筑就是一个物体，一个室内场景也是一个物体，因此图层的使用没有 AutoCAD 中那样频繁，甚至室内设计与单体建筑设计中根本就用不到这个功能。如果需要使用图层管理功能，就要打开"图层"工具栏。具体操作如下：

在"默认面板"中打开"图层"卷展栏，如图 1.36 所示。

在 SketchUp 中，系统默认自建了一个"图层 0"。如果不新建其他图层，所有的图形将被放置于图层 0 中。图层 0 不能被删除，不能改名。如果系统中只有图层 0 一个图层，该图层也不能被隐藏。如果场景比较小，可以使用单图层绘图，这种情况也比较常见，这个单图层就是图层 0。

图 1.36　"图层"卷展栏

如果场景较复杂，需要用图层分门别类地管理图形文件，则需要使用"图层"卷展栏进行图层管理。具体操作如下：

（1）在"图层"卷展栏中，单击"添加图层"按钮，可将所增加的图层添加到当前场景中，如图 1.37 所示。

🔔**注意**：添加图层的原则是按绘图要素的分类来新增图层，一个图层就是一种图形类别。

（2）双击已经有的图层名称可以更改图层名。

（3）选择图层名，再单击"删除"按钮，可以删除没有图形文件的图层。如果图层中有图形文件，删除图层时会弹出如图1.38所示的"删除包含图元的图层"对话框，可以根据具体需要来选择。

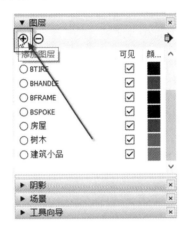

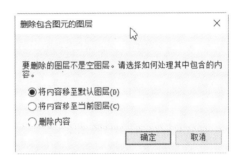

图1.37　添加图层　　　　　　　图1.38　"删除含有物体的图层"对话框

如果场景中有多个图层，则其中必定有一个当前图层，而且只有一个当前图层。当前图层的标志就是在图层名前有一个小黑点。绘制的图形将被放置在当前图层中。如果需要切换到当前图层，在"图层"卷展栏中单击图层名前的小圆圈即可。也可以在"图层"工具栏的图层下拉列表框中直接切换，如图1.39所示。其中，"房屋"图层就是当前图层。

管理图层的关键就是对图层显示与隐藏的操作。为了对同一类别的图形对象进行快速操作，如赋予材质、整体移动等，可以将其他类别的图形隐藏起来（用图层的方法），只显示此时需要操作的图层。如果已经按照图形的类别进行了分类，那么就可以利用图层的显示与隐藏功能来快速完成操作了。隐藏图层只需要取消该图层中"可见"复选框的勾选，如图1.40所示。其中，"树木"是隐藏图层，而其他图层是显示图层，当前图层是不能被隐藏的。

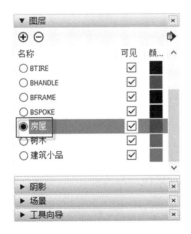

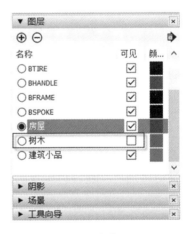

图1.39　当前图层　　　　　　　图1.40　隐藏图层

注意：在大型场景的建模过程中，特别是小区设计、景观设计、城市设计中，由于图形对象较多，应仔细地对图形进行分类，并依次创建图层，以方便后面的作图及对图形的修饰。而在单体建筑设计与室内设计中图形相对较简单，此时不需要使用图层管理，使用默认的"图层 0"绘图即可。

1.3.5 边线效果

SketchUp 的中文名称是"建筑草图"，因此该软件的功能趋向于设计方案的草图。绘制方案时图形的边界往往会有一些特殊的处理，如两条直线相交时出头、使用有一定弯曲变化的线条代替单调的直线，这样的表现手法在 SketchUp 中都可以实现。

在"默认面板"中打开"风格"卷展栏，选择"编辑"选项卡，单击"边线设置"按钮，将会出现 7 个复选框，分别为边线、后边线、轮廓线、深粗线、出头、端点、抖动，如图 1.41 所示。如图 1.42 所示的模型是这 7 个复选框都没有选中时的显示模型，此时是无边线显示。

图 1.41 显示设置

- ❑ 边线：选中该复选框，系统将以较粗的线条显示边界线，如图 1.43 所示。
- ❑ 深粗线：选中该复选框，系统将以非常粗的深色线条显示边界线。该复选框一般情况下不选。
- ❑ 出头：选中该复选框，系统将在两条或多条边界线相交处用出头的延长线表示，如图 1.44 所示。这是一种手绘线条的常用表现方法。

图 1.42 无边线显示模式

图 1.43　边线显示模式

图 1.44　出头显示模式

- 端点线：选中该复选框，系统将在两条或多条边界线相交处用较粗的端点线表示，如图 1.45 所示。这也是手绘线条常用的一种表现方法。
- 抖动：选中该复选框，系统将以弯曲变化的手绘线条来表示边界线，如图 1.46 所示。

注意：在图 1.41 所示的"边线效果"选项区域中的 5 个选项是复选项，即可以进行多项选择，但是过多的选择会占用计算机的系统资源，因此一般情况下在建模时并不选择，只是在完成模型后根据具体情况选择需要的边线效果。

图 1.45　端点线显示模式

图 1.46　抖动显示模式

1.4　物体的选择

由于多了一个 Z 轴向的高度，选择物体往往比在二维软件中要难一些。通常的作图模式是先选择物体，再进行后续设计。而在三维软件中，应先仔细进行物体选择，一旦选择出错，就无法进行下一步操作了。

1.4.1　一般选择

在 SketchUp 中，选择物体时统一使用工具栏中的"选择"按钮，选择物体的具体操作如下：

（1）单击工具栏中的"选择"按钮，此时屏幕上的光标将变成一个箭头形状。

（2）单击选择屏幕中的物体，被选中的物体将黄色加亮显示，如图 1.47 所示。

（3）按住 Ctrl 键不放，屏幕上的光标变成＋的形式，此时再单击其他物体，可以将其增加到选择集合中。

（4）按住 Shift 键不放，屏幕上的光标变成＋－的形式，此时再单击未选中的物体，可以将其增加到选择集合中；单击已选中的物体，则从选择集合中将其减去。

（5）同时按住 Ctrl 键与 Shift 键不放，屏幕上的光标变成－，此时单击已选中的物体，则将此物体从选择集合中减去。

（6）在已经有物体被选择的情况下，单击屏幕空白处，则取消所有的选择。

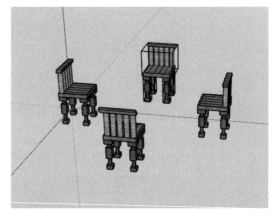

图 1.47　加亮显示被选中的物体

（7）在发出选择指令后，使用 Ctrl+A 组合键可以选择屏幕上所有显示的物体。

1.4.2　框选与叉选

框选是单击工具栏中的"选择"按钮后，用鼠标从屏幕的左侧到屏幕的右侧拉出一个框，这个框是实线框（如图 1.48 所示），只有被这个框完全框进去的物体才被选中，如图 1.49 所示。

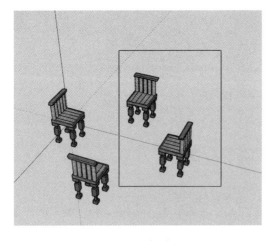

图 1.48　框选

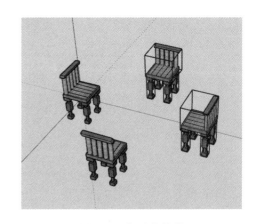

图 1.49　框选的物体

叉选是单击工具栏中的"选择"按钮后，用鼠标从屏幕的右侧到屏幕的左侧拉出一个框，这个框是虚线框，如图 1.50 所示，凡是与这个框有接触的物体都被会选中，如图 1.51 所示。

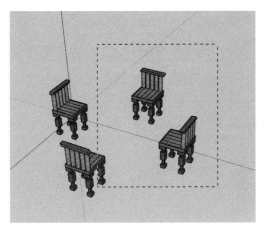

图 1.50　叉选

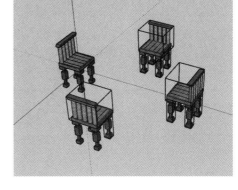

图 1.51　叉选的物体

注意：在使用框选与叉选时一定要注意方向性，前者是从左到右，后者是从右到左。这两个选择模式经常使用，特别是在物体较多的情况下，可以一次性进行选择。

1.4.3　扩展选择

在 SketchUp 中，模型是以"面"为单位建立的，具体的建模思路后面将会介绍。如果单击一个面，则这个面处于选择状态，会用加亮显示，如图 1.52 所示。如果双击这个面，则与这个面相关联的边线都会被选择（①为选中的面，②为与这个面关联的边线），如图 1.53 所示。如果三击这个面，则与这个面所有关联的物体都会被选择，如图 1.54 所示。

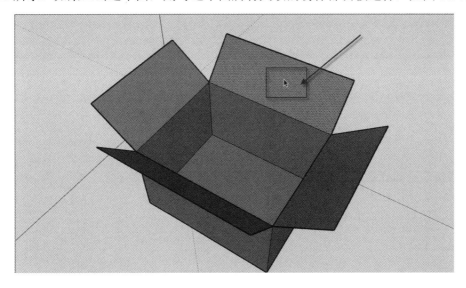

图 1.52　单击面

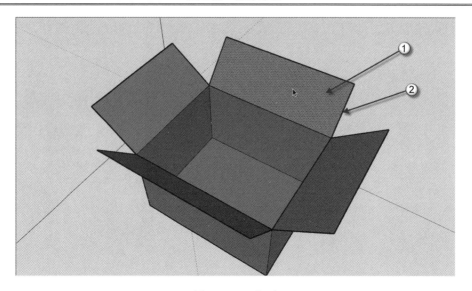

图 1.53　双击面

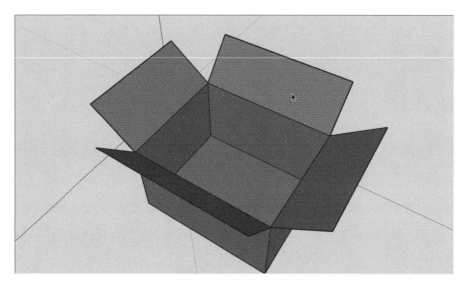

图 1.54　三击面

对于关联物体的选择，还可以在选择一个面后右击所选择的面，在弹出的快捷菜单中选择"选择"命令，接下来可以通过边界边线、连接的平面、连接的所有项、在同一图层上的所有项或使用相同材质的所有项命令来选择需要的物体与物体集合，如图 1.55 所示。

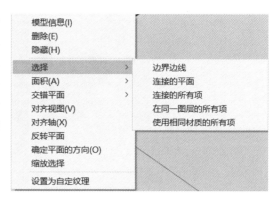

图 1.55　"选择"的右键菜单命令

1.5　阴　影　设　置

物体在阳光或天光的照射下会出现受光面、背光面、阴影区。通过阴影效果与明暗对比，能衬托出物体的立体感。在进行方案设计时，设计师往往需要让自己的作品有很强的立体感，这时阴影的设置就显得格外重要。在 SketchUp 中，阴影的设置很简单而且功能强，甚至还能制作阴影动画。

1.5.1　设置地理位置

南半球和北半球的建筑物接受日照的情况不一样，并且同一半球、同一个国家，由于经纬度的不同，日照的情况也不一样。因此在设置建筑物的阴影之前，第一步就是要设置建筑物所处的地理位置。具体操作如下：

（1）选择"窗口"|"模型信息"命令，在弹出的"模型信息"对话框中选择"地理位置"选项，单击"手动设置位置"按钮，弹出"手动设置地理位置"对话框。

（2）在其中输入相应的经度和纬度，单击"确定"按钮，如图 1.56 所示。

（3）设置完成后，按 Enter 键完成操作。

注意：很多用户往往不重视地理位置的设置。由于经纬度不同，不同地区的太阳高度角、照射的强度与时间也不一致。如果地理位置设置不正确，则阴影与光线的模拟会失真，从而影响整体的效果。

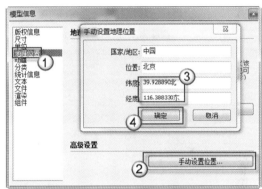

图 1.56　地理位置设置

1.5.2　设置阴影

对阴影的设置主要有两项：日期时间和强度。具体操作如下：

❑ 打开"阴影"卷展栏，如图 1.57 所示。

❑ 在"阴影"面板中，按钮的功能是"显示/隐藏阴影"。两组滑块分别用于调整阳光照射的日期时间与强度，如图 1.58 所示。

❑ 如果单击"显示/隐藏阴影"按钮，则在场景中显示阴影；反之则不显示阴影。

❑ "时间"与"日期"这两个滑块的功能都是调整生成阴影的详细时间参数。

❑ "亮"滑块最左侧的数值是 0，最右侧的数值是 100。"亮"的数值越小，则太阳光的强度越弱；"亮"的数值越大，则太阳光的强度越强。

❑ "暗"滑块最左侧的数值是 0，最右侧的数值是 100。"暗"的数值越小，则背光的暗部越暗；"暗"的数值越大，则背光的暗部越亮。

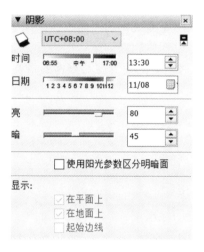

图 1.57 "阴影"卷展栏　　　　　　　　　图 1.58 "阴影"面板

如图 1.59 所示为北京地区 9 月 22 日（秋分日）14:30 建筑物在阳光照射下的阴影状况。可以看到，增加了实际地理位置的设置，调整了日照的具体时间，建筑物在阳光的照射之下显得栩栩如生。

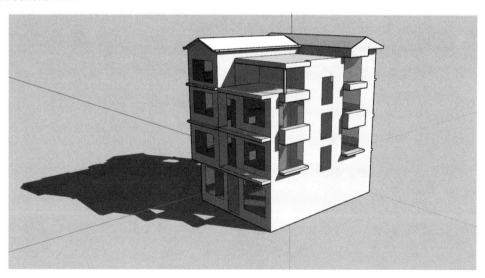

图 1.59　北京地区的建筑物光影效果

注意："显示阴影"功能对计算机硬件的要求较高，特别是 CPU 的运算与显卡的 3D 功能，一般作图时不要选用"显示阴影"功能，否则会消耗大量的系统资源，作图速度也会受到影响。当把模型的细部做好后，为了观看整体效果，可以选用"显示阴影"功能。最后的成果图不论是输出效果图还是动画，都需要用逼真的阴影效果来烘托建筑模型。

1.5.3 物体的投影与受影设置

一般来说,在太阳的照射下,除了完全透明的物体之外,其他物体都应留下阴影,半透明的物体的阴影略浅一些。在设计效果图时,场景中的有些次要构件或非重要的形体如果留下阴影会影响主体建筑的形态,这时可以考虑不让这些物体留下阴影或在主体建筑上不接受来自这些物体的阴影。这就是 SketchUp 中阴影设置的一个特殊环节——物体的投影与受影设置。

打开本书配套下载资源中的"组合沙发.SKP"文件,如图 1.60 所示。场景中有 5 个物体,分别是双人沙发、单人沙发、茶几、边几、地毯。在阳光照射下投射出阴影。下面通过去掉场景中地毯上的受影,说明在 SketchUp 中如何对物体设置"投影"与"受影"的阴影关系。

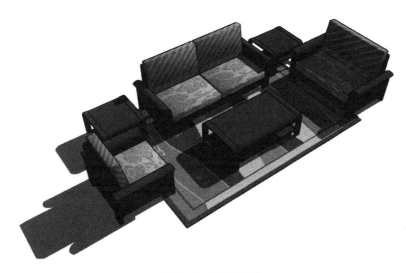

图 1.60 阴影关系

去掉投影有两种方法:一种是在受影面上不接受投影,另一种是去掉由于遮挡阳光产生投影物体的投影选项。第一种方法的具体操作如下:

选择地毯,在"图元信息"卷展栏中,单击"接受阴影"按钮,取消地毯接受阴影,如图 1.61 所示。可以看到,场景中的地毯上没有任何投影了,如图 1.62 所示。

第二种方法的具体操作如下:

选择一个单人沙发,在"图元信息"卷展栏中,单击"不投射阴影"按钮,取消单人沙发对其他对象的投

图 1.61 "图元信息"面板 1

影,如图 1.63 所示。可以看到,场景中的地毯上没有单人沙发的投影了,如图 1.64 所示。

注意:在本例场景中的 5 个咬合物体,即双人沙发、单人沙发、茶几、边几和地毯分别是"5 个物体",而不是一个物体的 5 个部分。在操作本节的例子时,应使用本书配套下载资源中的场景文件进行操作,至于如何建立这 5 个物体,后面会详细介绍。

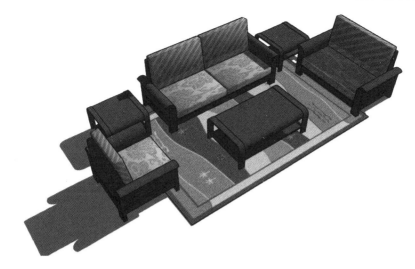

图 1.62　地毯上没有投影

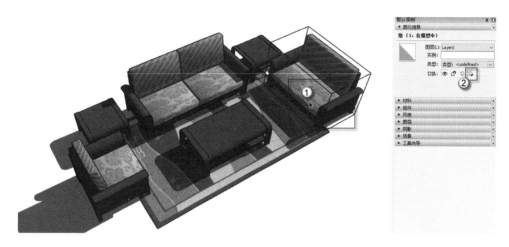

图 1.63　"图元信息"面板 2

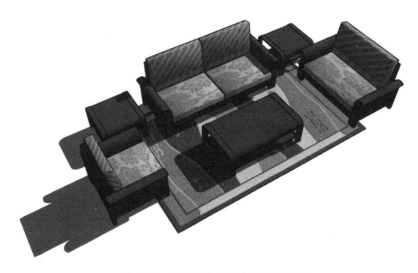

图 1.64　地毯上没有单人沙发的投影

第 2 章 基 本 操 作

第 1 章的目的是让读者对 SketchUp 软件有所了解，以便为后面的学习做好铺垫。本章将介绍如何绘图。绘制图形是学习 SketchUp 的最终目的，使用 SketchUp 绘图有两个优势：一是精确性，可以直接以数值定位进行绘图捕捉，二是工业制图有三维的尺寸与文本标注功能。

2.1 绘制二维图形

三维建模的一个最重要的方式就是从"二维到三维"，绘制好二维形体后，将图形直接"拉伸"成三维模型。因此二维形体一定要绘制准确，否则变成三维模型再修改就很复杂了。本节主要介绍二维图形的绘制。

在 SketchUp 的工具栏中有 3 个常用的绘图工具按钮，这 3 个按钮从左到右依次是"直线""圆弧""形状"，如图 2.1 所示。在 3 个按钮的下拉列表框中还有一些小工具，"直线"分为"直线""手绘线"，"圆弧"分为"圆弧""两点圆弧""3 点圆弧""扇形"，"形状"分为"矩形""旋转长方形""圆""多边形"，如图 2.2 所示。

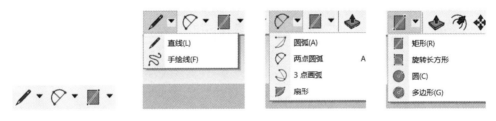

图 2.1 绘图工具栏   图 2.2 绘图工具栏的下拉列表框

2.1.1 绘制矩形

矩形工具通过定位两个对角点来绘制规则的平面矩形，并且自动封闭成一个"面"。发出矩形绘图命令有两种方法：一种是按 R 快捷键发出"矩形"命令，另一种是直接单击工具栏中的"矩形"按钮，开始绘制矩形。

1. 绘制一个矩形

绘制一个矩形的具体操作如下：

（1）按 R 快捷键发出"矩形"命令，此时屏幕上的光标变成一支带矩形的铅笔。

（2）单击屏幕原点确定矩形的第一个角点，然后拖曳鼠标直至光标在所需要的矩形的对角点上，如图 2.3 所示。

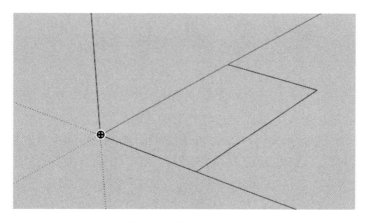

图 2.3　定位矩形对角点

（3）在需要的矩形对角点上再次单击，完成矩形的绘制。SketchUp 将这 4 条位于一个平面的直线转换成了另一个基本的绘图单位"面"，如图 2.4 所示。

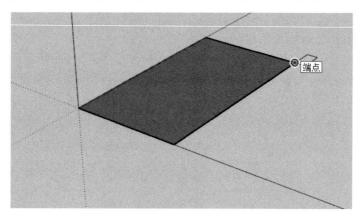

图 2.4　绘制矩形

🔔 注意：转换"面"后，可以直接拉伸成三维形体，而且这个面的 4 条边线即矩形还
　　　 保留。

2．在已有的平面上绘制矩形

下面介绍如何在已有的平面上绘制矩形。在一个长方体的一个面上绘制矩形，具体操作如下：

（1）按 R 快捷键发出"矩形"命令。

（2）将光标放置在长方体的一个面上，当光标旁出现"在平面上"的提示时单击鼠标确定矩形的第一个角点并且拖曳鼠标，此时的图形在长方体的面上，如图 2.5 所示。

（3）在需要的矩形的对角点上再次单击，完成矩形的绘制。这时可以看到，原来的一个面被分割成两个面，如图 2.6 所示。

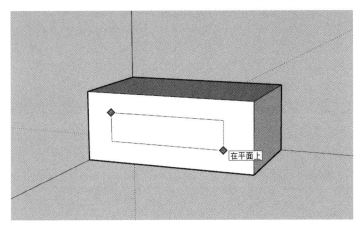

图 2.5 在长方体的面上定点

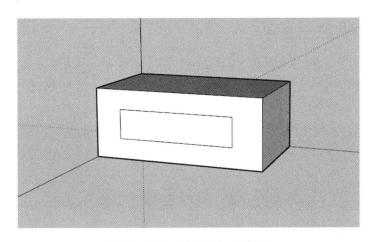

图 2.6 在长方体的面上绘制矩形

🔔注意：在原有的面上绘制矩形可以完成对面的分割，这样做的好处是在分割后的任意面上都可以进行三维操作，这种方式在建模中经常用到。

还可以使用输入具体尺寸的方法来绘制矩形，具体操作步骤如下：

（1）按 R 快捷键发出"矩形"命令，定位矩形的第一个角点。

（2）拖曳鼠标，在屏幕上定位矩形的第二个角点，可以看到屏幕右下角处的数值输入框前出现了"尺寸"字样，如图 2.7 所示，表明要输入矩形的尺寸。

| 尺寸 | 2617mm, 3375mm |

图 2.7 数值输入框

（3）在键盘上输入矩形的长度和宽度，然后按 Enter 键即可完成精确数值的矩形绘制。例如，输入"3600，2400"并按 Enter 键，就可以绘制一个长为 3600mm、宽为 2400mm 的矩形，如图 2.8 所示。

🔔注意：在数值输入框中输入精确的尺寸来作图，是 SketchUp 建立模型的最重要的手法之一。例如，本例的 3600mm×2400mm 的矩形实际就是一个 3.6m 长、2.4m 宽的房间，然后向上拉伸 3m，就完成一个基本房间的建模。

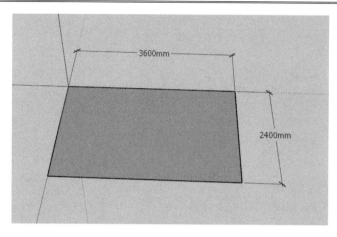

图 2.8　3600mm×2400mm 的矩形

3．在非XY平面中绘制矩形

在默认情况下，矩形是绘制在 XY 平面中，这与人多数三维软件的操作方法一致，下面介绍如何在 XZ 和 YZ 平面中绘制矩形，具体操作如下：

（1）发出绘制矩形命令，定位矩形的第一个角点。

（2）拖曳鼠标定位矩形的另一个对角点，注意此时是在非 XY 平面中定位点。

（3）找到正确的空间定位方向后，按住 Shift 键不放以锁定鼠标光标的移动轨迹，如图 2.9 所示。

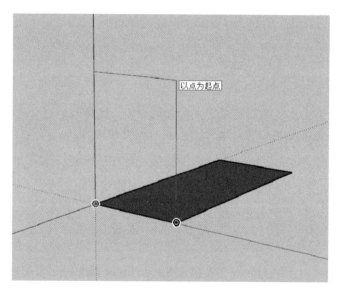

图 2.9　定位空间中的对角点

（4）在需要的位置再次单击鼠标，完成本例在 XZ 平面中绘制矩形的操作。可以看到，SketchUp 又把矩形转换成了一个"面"，如图 2.10 所示。

⌂注意：在非 XY 平面中绘制矩形时，第二个对角点的定位非常困难，需要转为三维视图，以达到一个较好的观测角度。

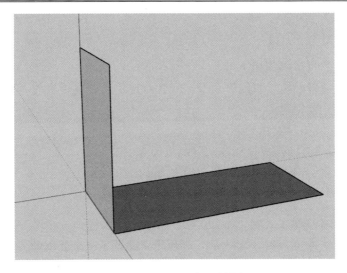

图 2.10 在 XZ 平面中绘制的矩形

在绘制矩形时，如果长、宽比满足"黄金分割"比例，则在拖曳鼠标进行定位时会在矩形中出现一根虚线表示的对角线，如图 2.11 所示。此时绘制的矩形满足黄金分割比，比例最协调。

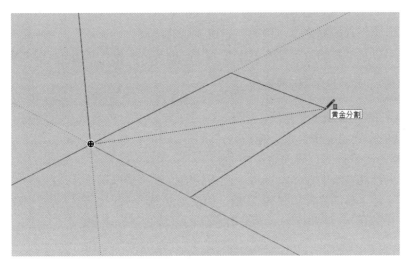

图 2.11 满足黄金分比的矩形

注意：矩形的绘制虽然很简单，但是使用率很高，在各三维建筑设计软件中，长方形房间大都是先使用矩形绘制出二维形体，然后拉伸成三维模型的。

2.1.2 绘制直线

SketchUp 的画线工具比另一个三维设计软件 3ds Max 的功能强大许多，可以直接输入尺寸、坐标点，并且有捕捉功能和追踪功能。

"直线"工具可以用来绘制一条或多条直线段、物体的边界、多边形及闭合的形体。

1．绘制一条直线

绘制一条直线的具体操作如下：

（1）按 L 快捷键发出"直线"命令，或者直接单击工具栏中的"直线"命令，此时屏幕上的光标变成一支铅笔。

（2）在需要的线的起始点处单击。

（3）沿着需要的方向拖曳鼠标，此时线段的长度会动态地显示在屏幕右下角的数值输入框中，如图 2.12 所示。

长度	3199mm

图 2.12　线段的长度

（4）在线段的结束点处再次单击，完成这条直线的绘制。

🔔注意：在直线没有绘制完成时，按 Esc 键可以取消这次操作。在绘制完成一条直线后继续绘制下一条直线时，上一条直线的终点就是下一条直线的起始点。

2．绘制指定长度的直线

在作图时，绘制指定长度的直线是非常重要的，根据实际尺寸来定位线段是建模的基本要求。SketchUp 的导入/导出接口非常多，能与许多软件结合作图，因此在 SketchUp 中一定要使用非常精确的尺寸，否则导入/导出后再更改就相当困难了。绘制指定长度的直线的操作如下：

（1）发出绘制直线的命令，用两点定出需要的线段。

（2）在屏幕右下角的数值输入框中输入线段的实际长度，按 Enter 键结束操作。

3．绘制与X、Y、Z轴平行的直线

在实际操作时，绘制正交直线，即与 X、Y、Z 轴平行的直线更有意义，因为不论在建筑设计还是在室内设计中，根据施工的要求，墙线、轮廓线和门窗线大部分都是相互垂直的。绘制与 Z 轴平行的直线的操作如下：

（1）发出绘制直线的命令，在屏幕上需要的位置单击以确认直线的起始点。

（2）在屏幕上移动光标以对齐 Z 轴，如果与 Z 轴平行时，光标旁会出现"在蓝色轴线上"的提示，如图 2.13 所示，表明此时绘制的直线与蓝轴平行。

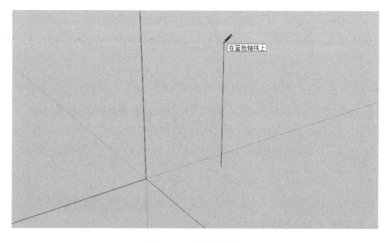

图 2.13　在蓝轴上

（3）按住 Shift 键不放并移动光标，此时系统将此直线锁定平行于 Z 轴（蓝轴），而且线会变粗，移动光标到直线的结束点，再次单击，完成与 Z 轴平行的直线的绘制，如图 2.14 所示。

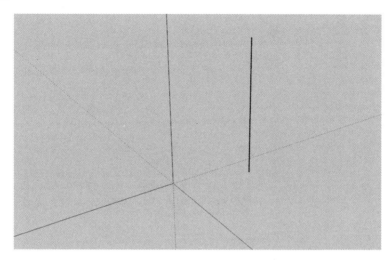

图 2.14　与 Z 轴平行的直线

用同样的方法可以绘制与 X 轴、Y 轴平行的直线，读者可以自己尝试。

4．直线的捕捉与追踪功能

和捕捉与追踪功能的"鼻祖"AutoCAD 相比，SketchUp 显得更加简便、更易操作。在绘制直线时，多数情况都要使用捕捉功能。

所谓捕捉就是在定位点时，自动定位到特殊点的绘图模式。SketchUp 自动打开了两类捕捉，即端点捕捉和中点捕捉，分别如图 2.15 和图 2.16 所示。在绘制几何物体时光标只要遇到这两类特殊的点，便自动"捕捉"上去，这是软件精确作图的表现之一。

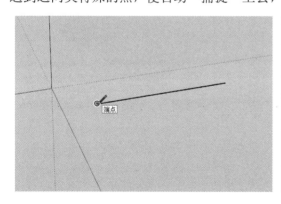
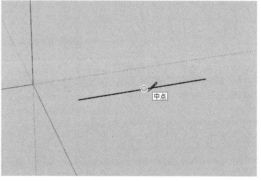

图 2.15　端点捕捉　　　　　　　　　　图 2.16　中点捕捉

追踪功能就相当于辅助线，能够更方便地作图。如图 2.17 所示，场景中已经有两条相互垂直的直线，这时需要绘制出另外两条直线，使得这 4 条直线成为一个矩形。从一条直线的一个端点开始绘制直线，拖曳光标，拉出红色线条的追踪轴，以对齐另一条直线的端点。

🔔**注意：**捕捉与追踪功能是自动开启的，在实际工作中，要达到精确作图的目的要么用输
　　　入数值的方式，要么就用捕捉功能。

5．裁剪直线

从已有直线外一点向已有直线引垂线，如图 2.18 所示。

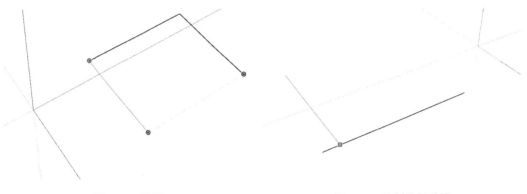

图 2.17　追踪　　　　　　　　　　　　　　　图 2.18　绘制分割垂线

SketchUp 会从垂足点开始将已有直线分成两条首尾相接的直线，如图 2.19 所示。如果
将绘制的垂线删除，已有的直线将重新恢复成一条直线。

6．分割表面

在 SketchUp 中可以通过绘制一条起始点与终止点都在面边界上的直线来分割这个面，
如图 2.20 所示。

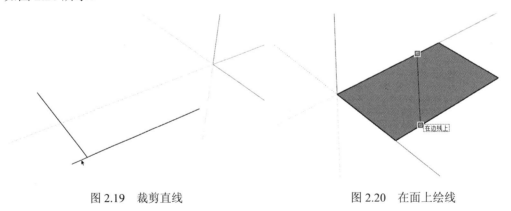

图 2.19　裁剪直线　　　　　　　　　　　　　图 2.20　在面上绘线

在一个面上绘制一条直线，这条直线的起始点与终止点都在面的边界上，绘制完成后，
再选择面，会发现原来的一个面变成了两个面，如图 2.21 所示。如果删除这个分割面的直
线，两个面又会还原成原来的一个面。

🔔**注意：**在 SketchUp 中，已分割表面的直线用细线表示，而未分割表面的直线用粗线表
　　　示，如图 2.22 所示。设计师一般通过这两种直线来判断面是否被分割。

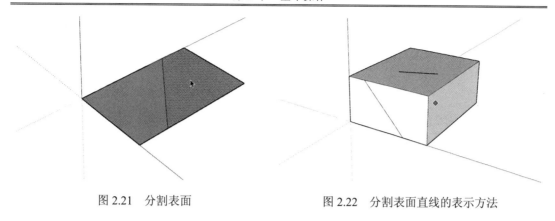

图 2.21 分割表面   图 2.22 分割表面直线的表示方法

2.1.3 绘制圆形

圆形作为一个几何形体，在各类设计中是一个出现得非常频繁的构图要素。在 SketchUp 中，画圆的工具可以用来绘制圆形，生成圆形的"面"。绘制一个圆形的具体操作如下：

（1）按 C 快捷键发出"圆"命令，或者选择"形状"|"圆"命令，此时屏幕上的光标变为一支带圆圈的铅笔。

（2）在圆心所在位置单击并拖曳光标，如图 2.23 所示。

（3）移动光标拉出圆的半径并再次单击，完成圆形的绘制，由于是封闭的形体，SketchUp 会自动将圆转成圆形的"面"，如图 2.24 所示。

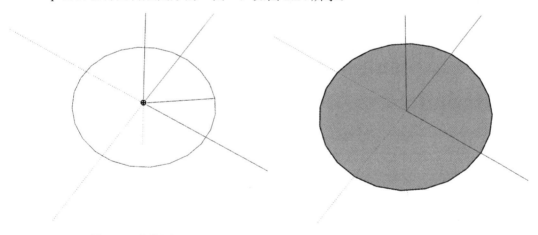

图 2.23 定位圆心   图 2.24 绘制圆形

同样可以绘制实际尺寸的圆形，方法是绘制完圆形后，在屏幕右下角的数值输入框中输入圆的半径，然后按 Enter 键结束操作。

在 SketchUp 中，圆形实际上是由正多边形所组成的，在 SketchUp 中操作时并不明显，但是导出到其他软件后就会发现问题，因此在 SketchUp 中绘制圆形时可以调整圆的边数（即正多边形的边数）。方法是，在发出绘制圆的命令后立即在屏幕右下角的数值输入框中输入"边数 s"，如"8s"表示圆的边数为 8，也就是此圆用正八边形来显示（如图 2.25

所示），"16s"表示圆用正十六边形来显示（如图 2.26 所示），按 Enter 键然后再绘制圆形。一般来说，尽量不要使用边数少于 16 的圆。

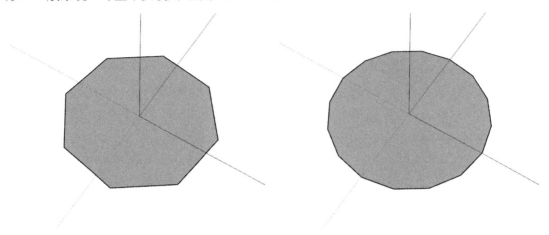

图 2.25　八边形表示的圆　　　　　　　图 2.26　十六边形表示的圆

在调整"边数"时可以使用"Ctrl"+"+"快捷键来增加边数，按一次增加一条边数。也可以使用"Ctrl"+"－"快捷键来减少边数，按一次减少一条边数。

🔔注意：一般来说不用去修改圆的边数，使用默认值即可，如果边数过多，则会引起面的增加，这样会使场景的显示速度变慢。

2.1.4　绘制圆弧

在 SketchUp 中可以先绘制圆，然后用"直线"工具对圆进行裁剪生成圆弧。也可以直接使用"圆弧"工具进行绘制。

1．圆弧的绘制

圆弧是圆形的一部分，在 SketchUp 中绘制圆弧的方法如下：

（1）按 A 快捷键发出"圆弧"命令，或者直接单击工具栏中的"圆弧"命令，此时屏幕上的光标变为一支带圆弧的铅笔。

（2）在圆弧的起始点处单击并移动光标。

（3）在圆弧的结束点处再次单击，此时创建了一条直线，这就是圆弧的弧长。

（4）在弧长的垂直方向移动光标，到需要的位置时再次单击，此时创建的是圆的矢高，如图 2.27 所示，圆弧也就完成了。弧长与矢高都可以在屏幕右下角的数值输入框中输入实际尺寸，然后按 Esc 键结束操作，用这样的方法可以绘制精确尺寸的圆弧。

2．半圆的绘制

绘制半圆定矢高时，移动光标（注意光标提示的变化），如果光标出现"半圆"的提示，单击完成圆弧的绘制，这个圆弧就是一个标准的半圆，如图 2.28 所示。

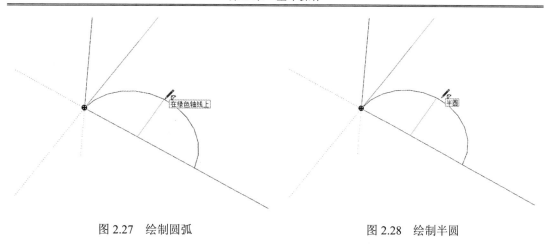

图 2.27　绘制圆弧　　　　　　　　　　图 2.28　绘制半圆

3．半圆与其他形体在平面中相切

　　绘制一个圆弧与一条已知直线相切，定位好圆弧的起始点与终止点，保证圆的终止点捕捉到已知直线的一个端点上，然后移动光标，定位矢高，当光标移动到一定程度时圆弧会变成青色，并且提示"顶点切线"，单击完成圆弧的绘制，则此时的圆弧与已知的直线相切，如图 2.29 所示。使用同样的方法可以绘制圆弧与其他几何体相切。

　　与"圆"相似，圆弧也是由正多边形组成的，同样可以在发出绘制圆弧的命令后立即在屏幕右下角的数值输入框中输入"边数 s"来调整圆弧的边数。

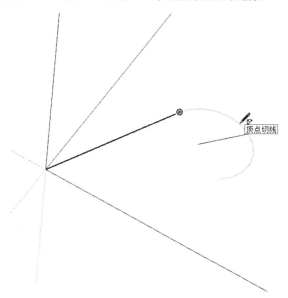

图 2.29　绘制与一条已知直线相切的圆弧

2.1.5　绘制正多边形

　　在 SketchUp 中，使用正多边形工具可以创建边数为 3～100 的正多边形。前面已经介绍过圆与圆弧都是由正多边形组成的，因此边数较多的正多边形基本上就显示为圆形了。

如图 2.30 所示，左侧为正十六边形，右侧为正三十二边形。

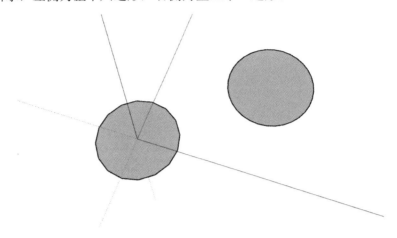

图 2.30   正多边形

创建正多边形的具体操作如下（以创建正八边形为例）：

（1）选择"形状" |"多边形"命令，屏幕上的光标变为一支带多边形的铅笔。

（2）在屏幕右下角的数值输入框中输入"8s"，表示绘制八边形，然后按 Enter 键。

（3）在屏幕上单击，以确认正八边形中心点的位置。

（4）移动光标到需要的位置，再次单击确认正八边形的半径。同样，可以在右下角的数值输入框中输入正八边形的半径，然后按 Enter 键，以精确的尺寸绘制出八边形。

注意：在 SketchUp 中，边数达到一定程度后，"多边形"与"圆"就没有什么区别了，这种弧形模型构成的方式与 3ds Max 是一致的。

2.1.6   手绘线

手绘线工具常用来绘制不规则、共面的曲线形体。具体操作如下：

（1）选择"直线" |"手绘线"命令，此时屏幕上的光标变为一支带曲线的铅笔。

（2）在绘制图形的起点处单击并按住左键不放。

（3）移动光标以绘制所需要的徒手曲线，如图 2.31 所示。

（4）释放鼠标，完成手绘曲线的绘制。

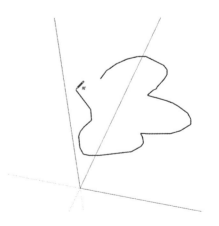

图 2.31   手绘曲线

注意：一般情况下很少用到"手绘线"这个绘图工具，因为这个工具绘制的曲线很随意，非常难掌握。建议读者可以将这样的曲线先在 AutoCAD 中完成，然后导入 SketchUp 中进行操作。

2.2　辅助定位工具

本节主要介绍"卷尺工具"和"量角器"这两个工具。这两个工具虽然不能直接用来绘图，但是其辅助定位功能十分强大，经常在绘图中使用。

2.2.1　卷尺工具

卷尺工具有两大功能：一是测量长度，二是绘制临时的直线辅助线。发出"卷尺工具"命令有两种方法：一种是直接单击工具栏中的"卷尺工具"按钮 ，另一种是按 T 快捷键发出"卷尺工具"命令。测量长度的操作方法如下：

（1）按 T 快捷键发出"卷尺工具"命令，此时屏幕上的光标变成卷尺工具。

（2）在测量的起始点处单击，注意使用自动捕捉工具。

（3）沿着所需要的方向移动光标，此时屏幕中会出现一根虚线形式的临时测量方向轴，注意保证这个轴的方向与需要测量的方向一致。

（4）在测量长度的结束点处再次单击，完成测量，如图 2.32 所示。测量的长度将在屏幕右下角的数值输入框中显示。

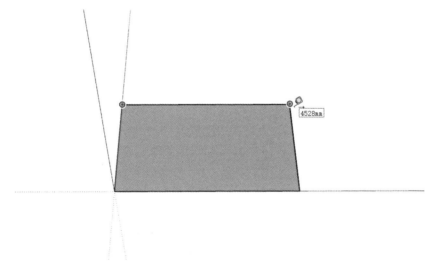

图 2.32　测量长度

使用"卷尺工具"可以创建以下两种常见的参考线。

（1）线段的延长线。如图 2.33 所示，在发出"卷尺工具"命令后，用光标在需要延长的线段的一个端点处拖出一条延长线来，延长线的长度可以在屏幕右下角的数值输入框中输入。

（2）直线偏移的参考线。如图 2.34 所示，在"卷尺工具"发出命令后，在需要偏移的直线处拖出一条无限长的、虚线形式的参考线，偏移的距离可以在屏幕右下角的数值输入框中输入。

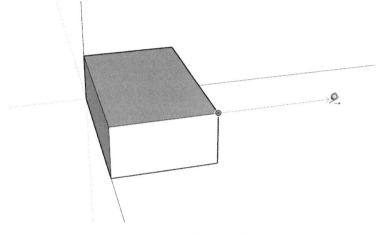

图 2.33　线段的延长线

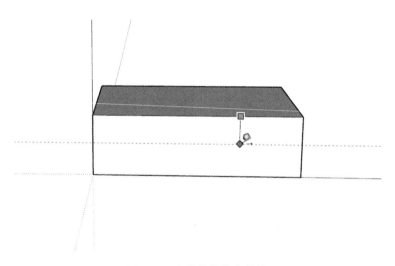

图 2.34　直线偏移的参考线

🔔注意：参考线间相交、参考线与直线相交、参考线与几何形体相交都会产生"相交"的提示，这样的"相交"提示可以在绘图中自动捕捉，如图 2.35 所示，这是常用的使用参考线定位点的技巧。

　　绘图场景中往往会有大量的参考线，如果参考线已经不需要了，可以直接删除。如果参考线在后面绘图中还要作为参照，可以用以下方法隐藏起来。

　　（1）选择"视图"｜"参考线"命令，此时屏幕中所有的参考线隐藏起来，于是场景显得简洁明了。

　　（2）如果需要显示隐藏的参考线，再次选择"视图"｜"参考线"命令。

　　（3）图形全部绘制完成后，可以选择"编辑"｜"删除参考线"命令，删除场景中所有的参考线。

🔔注意：用 SketchUp 建模时，很多情况都是使用"视图"｜"参考线"命令绘制参考线来定点或定位的。

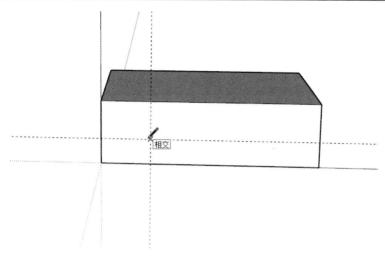

图 2.35　参考线的相交

2.2.2　量角器工具

量角器工具可以用来测量角度，也可以通过角度创建所需要的参考线。发出这个命令的方法是选择"工具"|"量角器"命令。使用"量角器"工具测量角度的操作方法如下：

（1）选择"工具"|"量角器"命令，可以看到此时屏幕上的光标变成了一个量角器，量角器的中心点就是光标所在处，如图 2.36 所示。

（2）在场景中移动量角器，量角器会根据模型表面的变化自动改变其自身角度，如图 2.37 所示。当量角器满足需要的方向时，可以按住 Shift 键不放进行锁定。

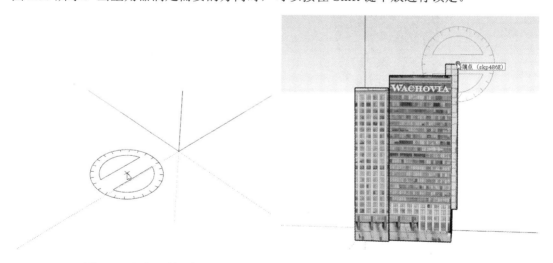

图 2.36　量角器的光标　　　　　　　图 2.37　量角器角度的变化

（3）在需要测量角度的顶点处单击，这时量角器会自动附着在上面，如图 2.38 所示。

（4）移动光标到需要测量角度的第一条边的一个关键点上，再次单击，确认角度的第一条边，如图 2.39 所示。

（5）转动光标到需要测量角度的第二条边的一个关键点上，第三次单击，确认角度的

第二条边，如图 2.40 所示。此时测量角度完成，可以在屏幕右下角的数值输入框中查看测量的角度数值，同时在所测量角度的第二条边处出现了一条辅助线。

　　通过具体的角度来定位参考线的操作方法如下：

　　（1）发出"量角器"命令，在角度的顶点处单击，使量角器光标附着在角度上。

　　（2）移动光标到第一条边的一个关键点上，再次单击，确认角度的第一条边。

　　（3）在屏幕右下角的数值输入框中输入需要创建角度的数值（注意逆时针方向转向的角度为正、顺时针方向转向的角度为负），然后按 Enter 键。

　　（4）可以看到屏幕中定角度的位置上出现了一条参考线。

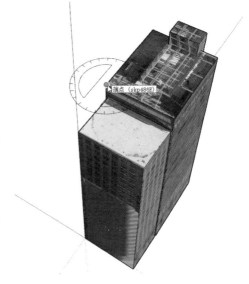

图 2.38　测量角度的顶点

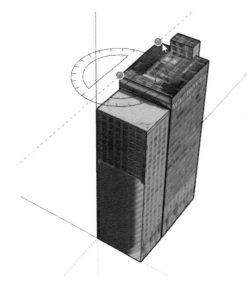

图 2.39　定位测量角度的第一条边

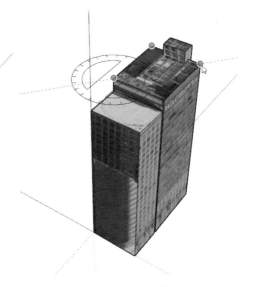

图 2.40　定位测量角度的第二条边

2.3　标　　注

　　说到三维设计软件，读者往往会把 SketchUp 与 3ds Max 相提并论。无疑，3ds Max 在三维功能与动画功能上更为强大，除了前面讲过的 SketchUp 的一些优势之外，本节还要介绍该软件更为强大的功能——标注。

　　不论是建筑设计还是室内设计，一般都可以归结为两个阶段，即方案设计和施工图设计。在方案设计阶段，需要绘制方案设计图，该图纸需要表达功能、空间、环境、结构、造型和材料的大体情况。在施工图设计阶段需要绘制施工图，施工图要求有大量详细、精确的标注，因为工程施工人员需要依照施工图完成建筑施工。与 3ds Max 相比，通过 SketchUp 软件可以绘制施工图，而且是三维施工图。

2.3.1　设置标注样式

各种类型的图纸对标注样式的要求也不一样，因此在图纸中进行标注的第一步是必须设置需要的标注样式。具体操作如下：

（1）选择"窗口"|"模型信息"命令，弹出"模型信息"对话框，在其中选择"尺寸"选项卡，单击"字体"按钮，如图 2.41 所示。

（2）设置字体。在弹出的"字体"对话框中，根据建筑制图规范，选择"仿宋"字体，字体的大小依照场景中模型的具体情况而定，单击"确定"按钮完成字体的设置，如图 2.42 所示。

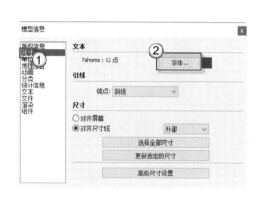

图 2.41　设置标注样式

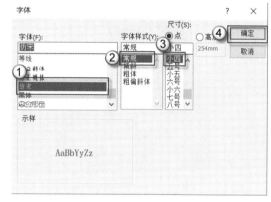

图 2.42　设置字体

（3）在"引线"选项区域中设置端点的样式，单击"端点"栏的下拉列表框，出现如图 2.43 所示的 5 个选项，即无、斜线、点、闭合箭头和开放箭头。系统的默认设置是"斜线"，如果没有特殊要求，可以不改变此项设置。

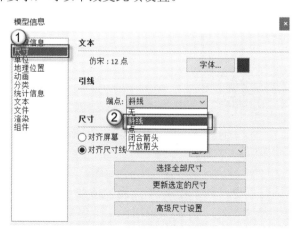

图 2.43　设置引线

（4）在"尺寸"选项区域中有"对齐屏幕""对齐尺寸线"两个单选按钮。"对齐屏幕"表示标注中的文字始终是与屏幕对齐的，如图 2.44 所示。"对齐尺寸线"有 3 个选项，即上方、居中和外部，效果如图 2.45 至图 2.47 所示。"上方"指标注的文字垂直于尺寸线上方，"居中"指标注的文字打断尺寸线并位于尺寸中间，"外部"指标注的文字垂直于尺寸线外部。最常用的是系统默认的设置"对齐屏幕"，这时尺寸总是保持与屏幕对齐，这种标注形式有利于在复杂的场景中查找尺寸。

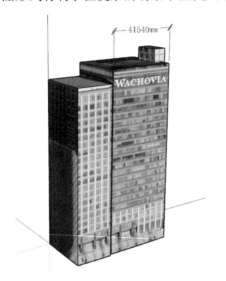

图 2.44　对齐屏幕

图 2.45　对齐尺寸线——上方

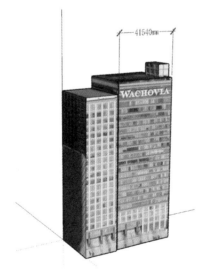

图 2.46　对齐尺寸线——居中

图 2.47　对齐尺寸线——外部

⚠注意：使用 AutoCAD 绘制建筑施工图与用 SketchUp 绘制建筑施工图是不一样的。使用 AutoCAD 绘制的建筑施工图是二维图，各类图形要素必须符合国标要求，而使用 SketchUp 绘制的施工图是三维图，只要便于查看即可。

2.3.2　尺寸标注

SketchUp 的尺寸标注是三维的。尺寸标注的引出点可以是端点、中点、交点和边线。可以标注 3 种类型的尺寸，即长度标注、半径标注和直径标注。发出标注命令的方法是选择"工具"|"尺寸"命令。

1．长度标注

长度标注的具体操作如下：

（1）选择"工具"|"尺寸"命令。

（2）单击长度标注的起点。

（3）按照需要标注的方式移动光标。

（4）在长度标注的终点再次单击。

（5）移动光标，将标注展开到模型旁以便于观察。

2．半径标注

在 SketchUp 中半径的标注主要是针对圆弧形物体，具体操作如下：

（1）选择"工具"|"尺寸"，发出命令。

（2）选择圆弧形物体的边界。

（3）移动光标，将半径标注拉出来，如图 2.48 所示，标注文字中的 R 表示半径。

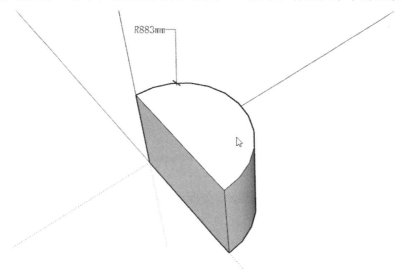

图 2.48　半径的标注

3．直径标注

在 SketchUp 中直径的标注主要是针对圆形物体，具体操作如下：

（1）选择"工具"|"尺寸"命令。

（2）选择圆形物体的边界。

（3）移动光标，将直径标注拉出来，如图 2.49 所示，标注文字中的 DIA 表示直径。

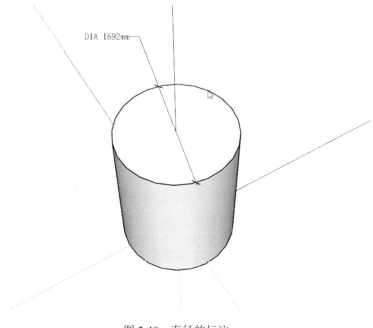

DIA 1692mm

图 2.49　直径的标注

注意：尺寸标注的数值是系统自动计算的，虽然可以修改（后面将介绍如何修改标注），但是一般情况下是不允许修改的。因为绘图时必须按照场景中的模型与实际尺寸按照 1∶1 的比例进行绘制，在这种情况下，绘图是多大的尺寸，在标注时就是多大。如果标注时发现模型的尺寸有误，应先对模型进行修改，然后重新进行尺寸标注。

2.3.3　文字标注

在绘制设计图或施工图时，当图形元素无法正确表达设计意图时可用文字标注来表达，如材料的类型、细部的构造、特殊的做法、房间的面积等。

SketchUp 的标注有两大类型：系统标注与用户标注。系统标注是指标注的文字由系统自动生成；用户标注是指标注的文字由用户输入。发出文字标注的命令有两种方法：一种是直接单击工具栏中的"文字"按钮，另一种是选择"工具"|"文字标注"命令。

系统标注的操作方法如下：

（1）单击工具栏中的"文字"按钮，此时光标变成带文字提示的小箭头。

（2）在需要标注的地方单击并按住鼠标不放，一定要注意标注点的位置。

注意：如果此时直接在需要标注的位置双击，则标注的文字会以不带箭头与引线的形式附着在物体上，如图 2.50 所示。

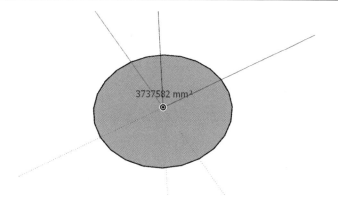

图 2.50　双击标注

（3）拖曳鼠标，当文字标注移动到正确的位置后释放鼠标。

（4）右击鼠标，完成文本的标注，如图 2.51 所示。

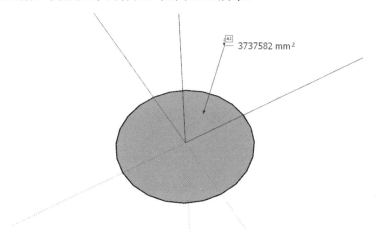

图 2.51　系统标注

注意：对封闭的面域进行系统标注时，系统将自动标上该面域的面积，如图 2.51 所示。
对线段进行系统标注时，系统将自动标上线段的长度，如图 2.52 所示，对弧线进
行系统标注时，系统将自动标上该点的坐标值，如图 2.53 所示。

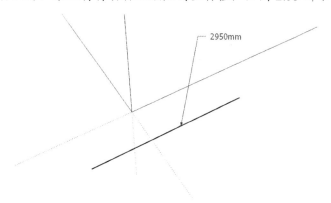

图 2.52　自动标注的线段长度

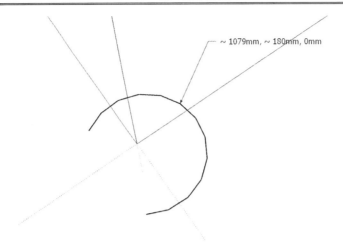

~ 1079mm, ~ 180mm, 0mm

图 2.53　自动标注的点坐标

用户标注的操作方法如下：

（1）单击工具栏中的"文字"按钮，此时光标变成带文字提示的小箭头。

（2）在需要标注的地方单击并按住鼠标不放，一定要注意标注点的位置。

（3）拖曳鼠标，当文本标注被移到正确的摆放位置后释放鼠标。

（4）在键盘上输入需要标注的内容，然后右击确认。

可以看到，用户标注与系统标注的最大区别在于前者是用户输入的标注内容，而后者是系统定义的标注内容。

2.3.4　修改标注

不论是尺寸标注还是文本标注，有时需要修改标注样式和标注文字。修改标注时，直接用右击标注，弹出如图 2.54 所示的右键菜单，然后选择相应的命令进行修改标注的操作。

修改编辑文字的具体操作如下：

（1）右击标注，弹出右键菜单。

（2）选择"编辑文字"命令，此时被选择的标注中的文字处于激活状态，如图 2.55 所示。

（3）用键盘输入需要的代替文字内容，单击鼠标右键结束操作。

图 2.54　修改标注的右键菜单　　　　　　图 2.55　编辑文字

修改箭头的具体操作如下：

（1）右击标注，弹出右键菜单。

（2）选择"箭头"命令，继续弹出二级菜单，如图 2.56 所示，可以看到当前的箭头形式是"关闭"状态。

（3）可以按照需要将箭头改为"无""点""打开"状态。

修改标注引线的具体操作如下：

（1）右击标注，弹出右键菜单。

（2）在右键菜单中选择"引线"命令，继续弹出二级菜单，如图 2.57 所示。

（3）可以按照需要将标注引线的形式设置为"基于视图""固定""隐藏"形式。

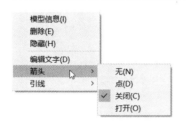 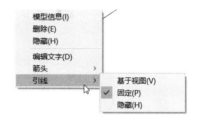

图 2.56　"箭头"的二级菜单　　　　图 2.57　"引线"的二级菜单

2.4　物　体　变　换

一般来说，可以将绘图软件的操作命令分为两大类：一类是绘图命令，一类是修改命令。本节将介绍修改命令的相关知识。修改命令是在绘图命令的基础上对已经绘制的图形进行再编辑，以达到更为复杂的图形要求。

2.4.1　拆分物体

在 SketchUp 中，可以对线形物体进行拆分，包括直线、圆、圆弧和正多边形。对直线进行拆分的操作方法如下：

（1）右击选择的物体，弹出如图 2.58 所示的右键菜单。

（2）选择"拆分"命令，将光标沿着直线上下移动，这时系统会自动按照光标移动的位置来判断需要拆分的段数，如图 2.59 所示。

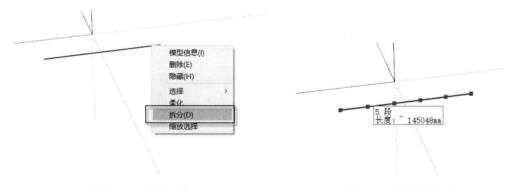

图 2.58　右键菜单　　　　　　　　图 2.59　拆分的段数

（3）一般情况下使用输入分段数来拆分直线。在屏幕右下角的数值输入框中输入"2"后按 Enter 键，表明将此直线分成两段，如图 2.60 所示。

　　还可以使用同样的方法对圆、圆弧和正多边形进行拆分，图 2.61 所示为对正多边形进行拆分。

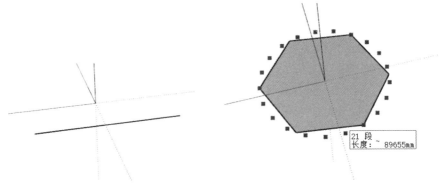

　　图 2.60　直线分成两段　　　　　图 2.61　对正多边形进行拆分

注意：对物体进行拆分后，分段点就是端点，这个点可以用来捕捉，这也是绘图时常用的一种定位方法。

2.4.2　移动和复制物体

　　在 SketchUp 中对物体的移动与复制是通过一个命令完成的，但是具体的操作方式有些不一样。发出移动或复制物体的命令有两种方法：一种是直接单击工具栏中的"移动"按钮❖，另一种是按 M 快捷键发出"移动"命令。

　　进行移动操作也有两种方法：一种是先选择物体再选择"移动"命令，另一种方法是先选择"移动"命令再选择物体。读者初学 SketchUp 软件时，建议使用第一种方法。

　　移动物体的操作方法如下：

　　（1）选择需要移动的物体，单击工具栏中的"移动"按钮，此时光标变成四方向的箭头形状。

　　（2）在物体上单击，这个点就是物体移动的起始点。

　　（3）向着需要移动的方向移动光标，如图 2.62 所示。

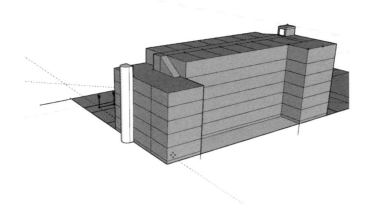

图 2.62　移动物体

注意：最常见的移动方向就是 3 个坐标轴向 X、Y、Z，将光标移动到坐标轴方向上后，可以按住 Shift 键不放锁定移动方向。

（4）在目标位置点处再次单击，完成对物体的移动。

注意：在作图时往往需要精确距离的移动，在移动物体时锁定移动方向后，可以在屏幕右下角的数值输入框中输入需要移动的距离然后按 Enter 键，这时物体就会按照指定的距离进行精确移动了。

复制物体与移动物体的操作类似，这里以复制 3 个立方体（边长=100），相互之间的距离为 200 为例来说明复制物体的操作。

（1）选择需要复制的立方体，此时物体处于被选择状态。

（2）单击工具栏中的"移动"按钮发出移动命令。

（3）在立方体上单击，这个点就是物体移动的起始点。

（4）按住 Ctrl 键不放，向着需要移动的方向移动光标，可以看到此时的光标变成带有"+"号的四方向箭头形状，表明此时是复制物体，如图 2.63 所示。

（5）在屏幕右下角的数值输入框中输入"200"后按 Enter 键，表明移动的距离是 200 个单位。

（6）在屏幕右下角的数值输入框中输入"3x"后按 Enter 键，表明除原物体外一共复制 3 个物体，如图 2.64 所示。

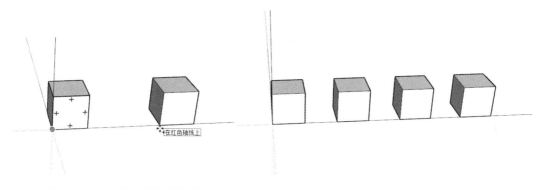

图 2.63　向一个方向复制物体　　　　　图 2.64　复制物体

2.4.3　偏移物体

偏移工具可以将在同一平面中的线段或面域沿着一个方向偏移统一的距离，并复制出一个新的物体。偏移的对象可以是面域、两条或两条以上首尾相接的线形物体集合、圆弧、圆或多边形。发出偏移复制物体的命令有两种方法：一种是直接单击工具栏中的"偏移"按钮，另一种是选择"工具"|"偏移"命令。

偏移一个面域的操作方法如下：

（1）选择需要偏移的面域，此时面域处于被选择状态。

（2）单击工具栏中的"偏移"按钮发出偏移命令，此时屏幕上的光标变成两条平行的圆弧。

（3）单击并按住鼠标左键不放，在屏幕上移动光标，可以看到面域随着光标的移动发生偏移，如图 2.65 所示。

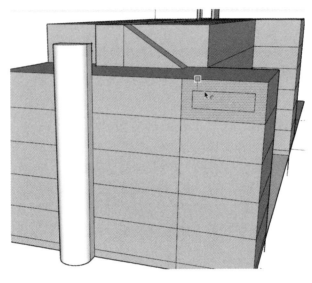

图 2.65　移动光标

（4）当光标移动到需要的位置时释放鼠标，可以看到面域中又创建了一个长方形，而且原来的一个面域现在变成了两个，如图 2.66 所示。

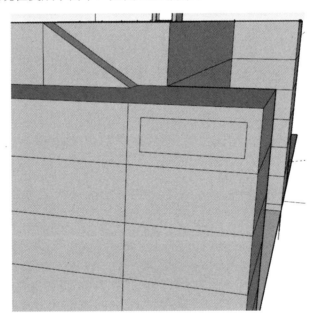

图 2.66　偏移面域

正多边形、圆形的偏移与面域的偏移操作类似，请读者自行练习。

⌂注意：在实际操作中，可以在偏移时根据需要在屏幕右下角的数值输入框中输入物体偏移的距离，然后再按 Enter 键确认，以达到精确偏移的目的。

- 一条直线或多条相交的直线是无法进行偏移的，会出现如图 2.67 所示的禁止符号⊘。
- 圆弧的偏移操作如图 2.68 所示。

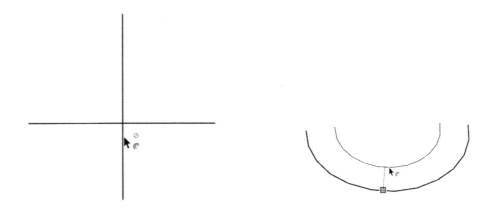

图 2.67　无法偏移的情况　　　　　　图 2.68　圆弧的偏移

- 两条或两条以上首尾相接的直线的偏移操作如图 2.69 所示。

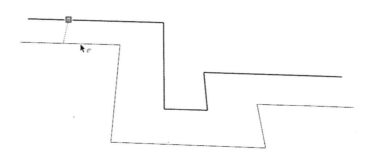

图 2.69　直线的偏移

- 对直线与圆弧组合进行的偏移操作如图 2.70 所示。

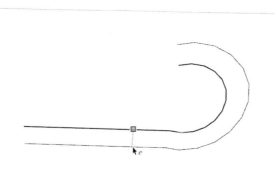

图 2.70　直线与圆弧组合的偏移

注意：在实际绘图操作中，面域偏移的操作要远远多于对线形物体偏移的操作，这是因
为 SketchUp 中是以 "面" 建模为主的。

2.4.4　缩放物体

使用缩放工具可以对物体进行放大或缩小，缩放可以是 X、Y、Z 3 个轴向同时进行的
等比缩放，也可以是以锁定任意两个轴向或锁定单个轴向的非等比缩放。发出缩放物体的
命令有两种方法：一种是直接单击工具栏中的 "缩放" 按钮，另一种是选择 "工具" | "缩
放" 命令。被缩放的物体可以是三维的也可以是二维的。

对三维物体等比缩放的操作如下：

（1）选择需要缩放的三维物体。

（2）单击工具栏中的 "缩放" 按钮发出缩放命令，此时光标变成缩放箭头，需要操作
的三维物体被缩放栅格所围绕，如图 2.71 所示。

（3）将光标移动到对角点处，此时光标处会出现提示 "统一调整比例　在对角点附近"，
表明此时的缩放是 X、Y、Z 轴 3 个轴向同时进行的等比缩放，如图 2.72 所示。

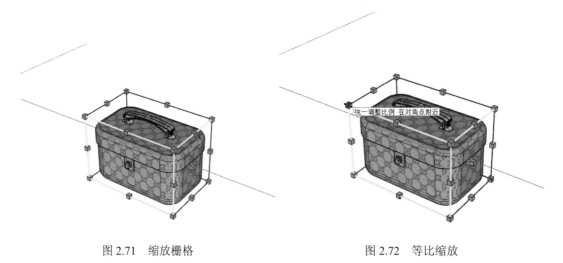

图 2.71　缩放栅格　　　　　　　　　　　　　　图 2.72　等比缩放

（4）单击并按住鼠标左键不放，在屏幕上移动光标，向下移动是缩小，向上移动是放
大。当物体缩放到需要的比例时释放鼠标完成操作。

注意：可以在缩放时根据需要在屏幕右下角的数值输入框中输入物体缩放的比率，然后
再按 Enter 键以达到精确缩放的目的。比率小于 1 为缩小，大于 1 为放大。

对三维物体锁定 Y-Z 轴（绿/蓝色轴）的非等比缩放的操作如图 2.73 所示。
对三维物体锁定 X-Z 轴（红/蓝色轴）的非等比缩放的操作如图 2.74 所示。
对三维物体锁定 X-Y 轴（红/绿色轴）的非等比缩放的操作如图 2.75 所示。
对三维物体锁定单个轴向（以绿轴为例）的非等比缩放的操作如图 2.76 所示。
二维空间是由两个轴组成的，对二维物体进行缩放时，对两个轴向操作的是等比缩放，
如图 2.77 所示；而对任意一个轴向操作的是非等比缩放，如图 2.78 所示。

图 2.73　Y-Z 轴的非等比缩放

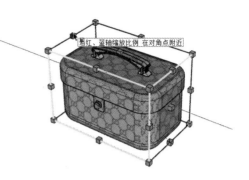

图 2.74　X-Z 轴的非等比缩放

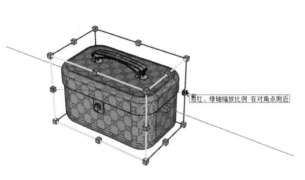

图 2.75　X-Y 轴的非等比缩放

图 2.76　单个轴向的缩放

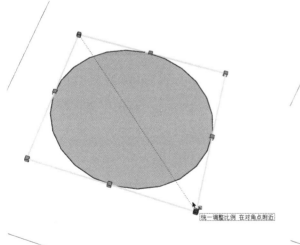

图 2.77　二维物体等比缩放

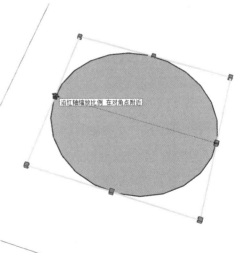

图 2.78　二维物体非等比缩放

注意：在屏幕右下角的数值输入框中输入的物体缩放的比率如果是负值，则物体不但要被缩放而且还会被镜像。

2.4.5　旋转物体

旋转工具可以对单个物体或多个物体的集合进行旋转，也可以对一个物体中的某一个部分进行旋转，还可以在旋转过程中对物体进行复制。发出旋转物体的命令有两种方法，一种是直接单击工具栏中的"旋转"按钮 ↻，另一种是选择"工具"|"旋转"命令。

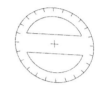

对物体进行旋转的具体操作如下：

（1）选择需要旋转的物体或物体集。

（2）单击工具栏中的"旋转"按钮发出旋转命令，此时屏幕中的光标变成了量角器形状，如图 2.79 所示。

图 2.79　量角器光标

（3）移动光标到旋转的轴心点处单击，完成旋转轴的指定，如图 2.80 所示。

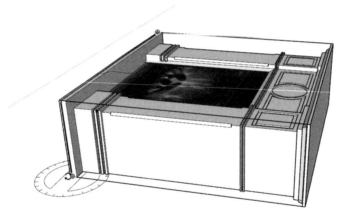

图 2.80　指定旋转轴

（4）移动光标到所需要的位置再次单击，这个定位点与旋转轴心形成了旋转参照边。

（5）旋转光标到需要的位置再次单击，完成旋转操作，如图 2.81 所示。

🔔注意：可以在旋转时根据需要在屏幕右下角的数值输入框中输入物体旋转的角度，再按 Enter 键，以达到精确旋转的目的。角度值为正表示顺时针旋转，角度值为负表示逆时针旋转。

旋转时复制物体的具体操作如下：

（1）选择需要旋转的物体或物体集。

（2）单击工具栏中的"旋转"按钮发出旋转命令，此时屏幕上的光标变成了量角器。

（3）按住 Ctrl 键不放，移动光标到旋转的轴心点处单击完成旋转轴的指定，可以看到此时的光标上多了一个+号，表明是在复制物体。

（4）移动光标到所需要的位置再次单击，这个定位点与旋转轴心形成了旋转参照边。

（5）旋转光标到需要的位置再次单击，在完成旋转操作的同时，场景中也出现了复制的物体，如图 2.82 所示。

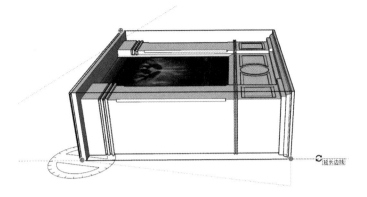

图 2.81　对物体进行旋转

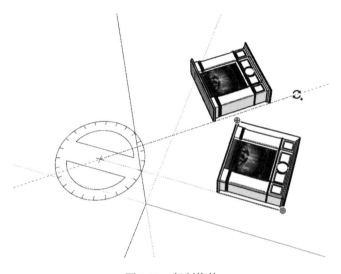

图 2.82　复制物体

（6）在屏幕右下角的数值输入框中输入"4x"，表明以这个旋转角度复制 4 个物体，按 Enter 键后，如图 2.83 所示，场景中除原物体外还有 4 个新建的物体。

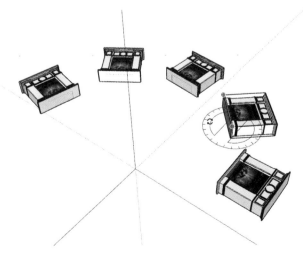

图 2.83　复制多个物体

　　对一个物体的部分进行旋转的操作如下：

　　（1）如图 2.84 所示，场景中的正六边形由两个面组成，现在将右侧被选中的三角形的面进行 30°角的旋转。

　　（2）发出旋转命令，并调整视图到容易观察的地方，选择旋转轴，如图 2.85 所示。

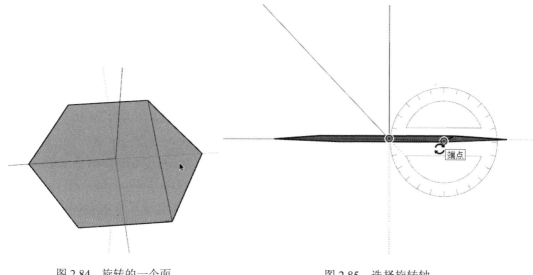

图 2.84　旋转的一个面　　　　　　　　　图 2.85　选择旋转轴

　　（3）移动光标，旋转面域，在屏幕右下角的数值输入框中输入"30"后按 Enter 键，表明这个面旋转 30°角，如图 2.86 所示。

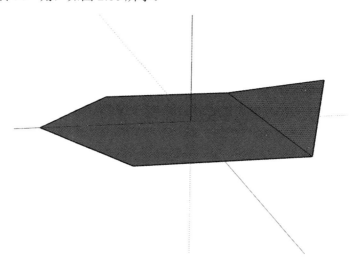

图 2.86　旋转 30°角

　　注意：在旋转复制物体时将复制的物体旋转到如图 2.87 所在的位置上，然后在屏幕右下角的数值输入框中输入"/5"并按 Enter 键，表明共复制 5 个物体，并且在原物体与新物体间以四等分排列，如图 2.88 所示。这就是等分旋转复制，关键是要在数值输入框中输入"/个数"或"个数/"。

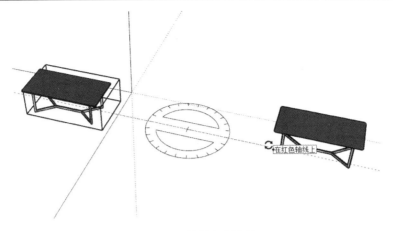

图 2.87　旋转复制物体

图 2.88　等分排列

2.5　查　　询

以前的建模工作就是建个模型就可以了，现在不一样了，在 BIM 技术推广的情况下，要求模型也要带有信息量。模型有了信息量之后，其中一个特点就是可以查询了。本节将介绍两个查询功能：查询面积与查询面的数量。

2.5.1　查询面积

本节以一个衣柜的简单场景为例，说明如何查询对象的面积。有了对应材质的面积之后，在下料的时候就有很大的帮助了。具体操作如下：

（1）打开屋顶文件。按 Ctrl+O 快捷键发出"打开"命令，打开配套下载资源中的"衣柜.SKP"文件，如图 2.89 所示。可以看到，场景中有一个衣柜，场景很简单。

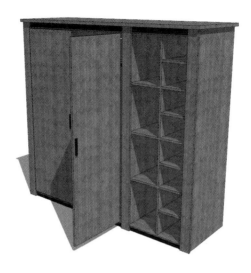

图 2.89　打开衣柜文件

（2）统计一个面的面积。选择衣柜的一个面，在"默认面板"的"材料"卷展栏中看到其材质为"木板"，在"图元信息"卷展栏中看到"面积"为 13660cm^2，如图 2.90 所示。在家具制作时，一般采用厘米为单位，这块板的面积约为 1.4m^2。

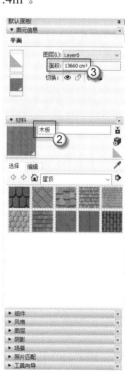

图 2.90　统计一个面的面积

（3）统计全部"木板"材质的面积。右击这个面，在右键菜单中选择"选择"｜"使用相同材质的所有项"命令，如图 2.91 所示。此时可以看到，"默认面板"的"图元信息"卷展栏中的"面积"为 396695.9cm^2，如图 2.92 所示，即制作这个衣柜约需要 40m^2 的木材。

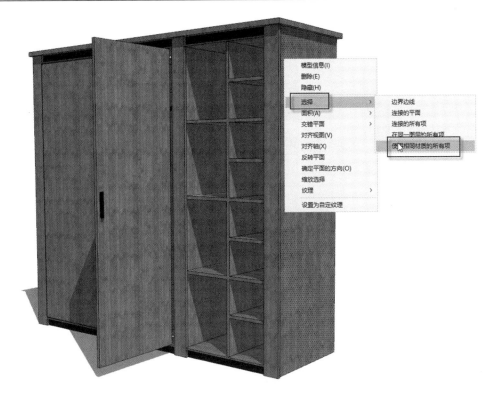

图 2.91　使用相同材质的所有项

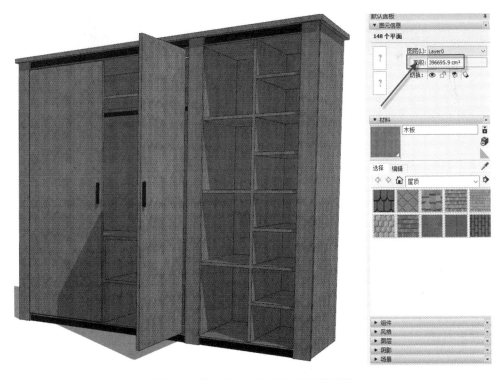

图 2.92　统计全部"木板"材质的面积

2.5.2 统计面的数量

SketchUp 是以面为单位来建三维模型的，因此统计面的数量很重要。通过面的数量来了解自己的计算机能否进行下一步的操作，因为面数的增加会增大 CPU、内存和显卡的负荷，会影响计算机的运行速度。

（1）打开场景文件。按 Ctrl+O 快捷键发出"打开"命令，打开配套下载资源中的"统计面数.SKP"文件，如图 2.93 所示。可以看到这是一个室内的客厅场景，其中有一些家具，场景相当复杂。

图 2.93 打开场景文件

（2）统计面的数量。选择"窗口"|"模型信息"命令，在弹出的"模型信息"对话框中选择"统计信息"选项卡，可以看到边线、平面、组件等信息，如图 2.94 所示。这个信息不准确。勾选"显示嵌套组件"复选框，可以看到"平面"的数量为 349330（约 35万个面），如图 2.95 所示。35 万个面并不算多，如果读者的计算机在转动这个场景时有些卡顿，则需要查看计算机的 OpenGL 信息了。

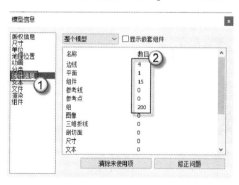

图 2.94 统计信息

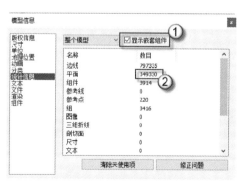

图 2.95 平面的数量

（3）查看 OpenGL 信息。选择"窗口"|"系统信息"命令，在弹出的"SketchUp 系统设置"对话框中选择 OpenGL 选项卡，单击"图形卡和详细信息"按钮，在弹出的"OpenGL 详细资料"对话框中可以查看"生成器"（就是计算机的显卡）与"OpenGL 警告"信息，如图 2.96 所示。

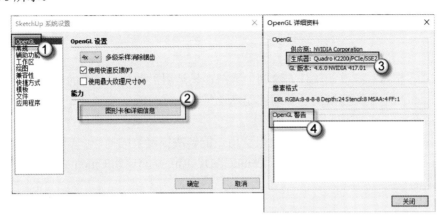

图 2.96　OpenGL 信息

这里主要是看计算机的显卡是什么型号，是不是独立显卡，以及 OpenGL 有没有警告信息。通过这些信息来综合判断计算机在多少个面的情况下能流畅地运行，否则就要考虑增加内存、更换显卡或更换主机了。

第3章 建模思路

SketchUp 作为三维设计软件，绘制二维图形只是用于辅助，最终的目的是要建立三维模型，在 SketchUp 中，建模的总体思路是从二维到三维，即先绘制好二维图形，然后使用三维操作命令将二维图形转换为三维模型。

SketchUp 的三维操作命令很少但很实用，能解决很复杂的问题。但是 SketchUp 也有其局限性，有时还需要借助 3ds Max、AutoCAD、Rhinoceros 和 Cinema 4D 之类的软件共同完成复杂的场景。

3.1 以"面"为核心的建模方法

在 3ds Max 中，模型可以是多边形、片面、网格的一种或几种形式的组合。但是在 SketchUp 中，模型都是由"面"组成的。所以在 SketchUp 中的建模是紧紧围绕着以"面"为核心的方式来操作的。这种操作方式的优点是模型很精简，操作起来很简单，缺点是很难建立形体奇特的模型。

3.1.1 单面的概念

SketchUp 是以"面"为核心的建模方法，因此首先就必须要了解什么是"面"。在 SketchUp 中，只要是线形物体（如直线、圆、圆弧）组成的一个封闭的、共面的区域，那么便会自动形成一个面，这便是本节中所说的面，如图 3.1 所示。

🔔注意：有时封闭的、共面的线形物体无法形成面，这时需要进行补线，特别是当将 AutoCAD 绘制的线形物体导入 SketchUp 中时经常会出现这样的问题。补线的目的就是重新指定一次封闭的区域，具体操作在后面会介绍。

一个"面"实际上由两部分组成，即正面与反面。"正面"与"反面"是相对的，一般情况下需要渲染的面或重点表达的面是"正面"。如图 3.2 所示，场景中有两个面，一个水平的面，一个垂直的面，在这个观测角度上，水平的面是反面面向读者，垂直的面是正面面向读者。

面为什么要用"正面""反面"区别开呢？这是因为在渲染过程中需要解决一个难题。渲染器在渲染一个场景时，是对场景中的每个面来进行光能运算的。通常有两种渲染方式：一种是对正面与反面都进行渲染的"双面渲染"方式；另一种是只针对一个面，即正面进行渲染的"单面渲染"方式。

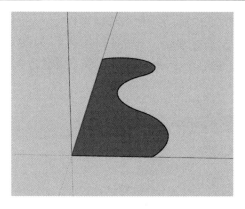
图 3.1　自动形成面

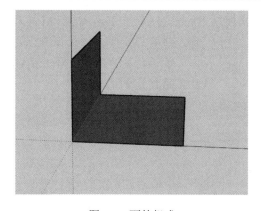
图 3.2　面的组成

渲染器的默认设置为单面渲染。如图 3.3 所示，3ds Max 在默认情况下，扫描线渲染器中的"强制双面"复选框是未被选中的。由于面数成倍增加，双面渲染比单面渲染要多花一倍的计算时间。因此为了节省作图时间，设计师在绝大多数情况下都是使用单面渲染。

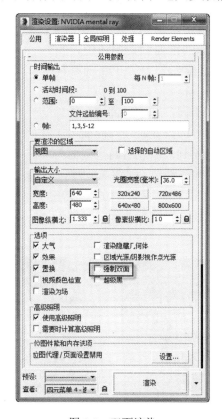
图 3.3　双面渲染

如果单独使用 SketchUp 作图，可以不考虑"单面"与"双面"，这是因为 SketchUp 并没有渲染功能。设计师往往会将 SketchUp 当作一个"中间软件"，即在 SketchUp 中建模然后导入其他渲染器中进行渲染，如 3ds Max、V-Ray 和 Enscape 等。在这样的思路指引下，用 SketchUp 作图时必须要对所有的面进行统一处理，否则进入渲染器后，正、反面不一致会导致无法完成渲染。

🔔注意：SketchUp 的模型导入 3ds Max 后变成 Editable Mesh（可编辑的网格），这是非常
简洁的单面模型。相比目前比较流行的单面建模法，如 3ds Max 的 Editable Poly
（可编辑的多边形）、ArchiCAD 和 AutoCAD，SketchUp 建立单面模型的速度快
且面的数量少。

3.1.2　正面与反面的区别

在默认的情况下，SketchUp 用白色的表面表示正
面，用蓝色的表面表示反面。如果需要修改正反面显示
的颜色，可以在"默认面板"中选择"风格"卷展栏，
选择"编辑"选项卡，单击"平面颜色"按钮，然后调
整"正面颜色"与"背面颜色"，如图 3.4 所示。

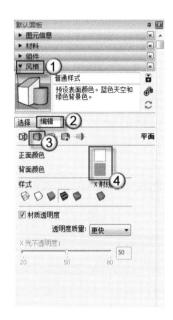

用颜色来区分的正、反面只不过是事物的外表。要
真正理解正、反面的本质区别，就需要在 3ds Max 中观
察物体显示效果。如图 3.5 所示，场景中有一个由 4
个面所组成的物体，这 4 个面的正面都是向内的，反
面都是向外的，如果是"双面显示"，则正反面都能
被观察到。

而"单面显示"的效果却不同，刚才说过这个物体
的 4 个面是正面向内、反面向外的，此时顶部的面由于
是反面面对着观测者，因此看不到，而左右两个侧面与
底面是正面面对着观测者，因此能看到，如图 3.6 所示。
然后再转动观测角度，形成如图 3.7 所示的样式。在左

图 3.4　调整正面、背面显示的颜色

侧的图中，底面与侧面的正面面向观测者，因此能够看到；在右侧的图中，顶面和侧面的
正面面向观测者，因此能够看到。

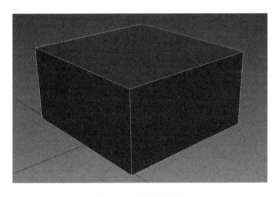

图 3.5　双面显示

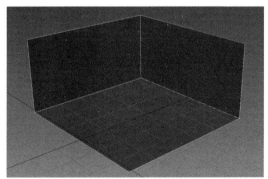

图 3.6　单面显示 1

综上所述可以得到结论：在单面显示状态下，面对着观测者并且可以看到的面就是
正面。

🔔注意：3ds Max 默认情况下只渲染正面而不渲染反面。在作室内设计图时，要把正面

向内；而在绘制室外建筑图时，正面是需要向外的，而且正面与反面一定要统一方向。

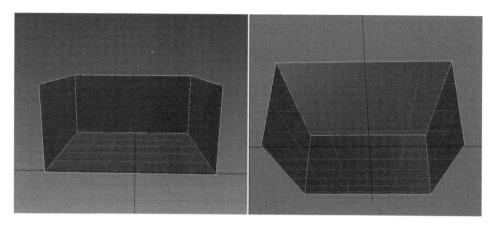

图 3.7　单面显示 2

3.1.3　面的翻转

在绘制室内效果图时需要表现的是室内墙面的效果，因此这时的正面需要向内。在绘制室外效果图时需要表现的是外墙的效果，因此这时正面需要向外。在默认情况下 SketchUp 将白色的正面设置在外侧。

如图 3.8 所示，场景中有一个房子，白色的正面是向外的。如果是绘制室外效果图，可以不用调整。如果是绘制室内效果图，则需要将面翻转。具体操作如下：

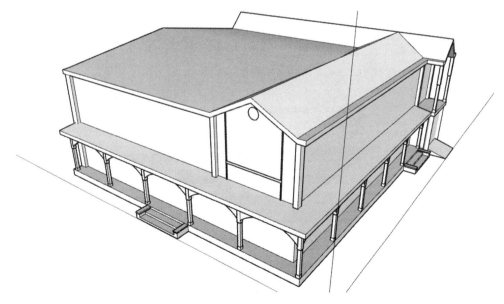

图 3.8　正面向外的房子

（1）右击一个面（①处），选择"将面翻转"命令，将选择的白色的正面翻转到里面去，而蓝色的反面显示在外侧，如图 3.9 所示。

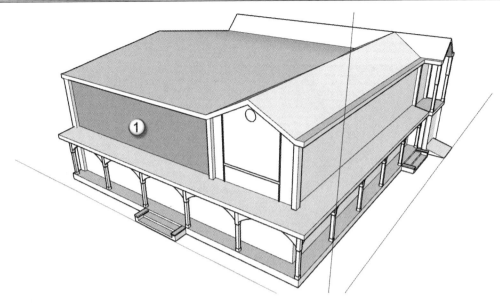

图 3.9　翻转一个面

（2）再右击这个面（图 3.9 中①处），选择"确定平面方向"命令，此时这个房子所有的白色正面都向内，而所有的蓝色反面都显示在外侧，如图 3.10 所示。

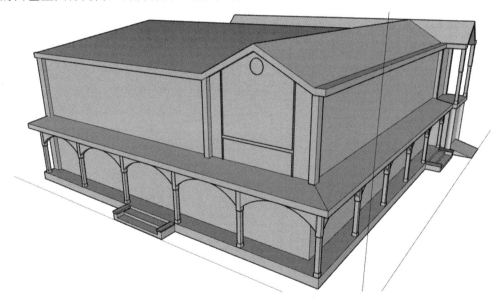

图 3.10　确定平面的方向

还可使用以下方法来翻转面：

（1）三击房子的任意一个面，此时与这个长方体相关联的所有面都被选中，如图 3.11 所示。

（2）右击被选择的长方体，选择"确定平面的方向"命令，此时这个长方体所有的面就全部翻转过来了。

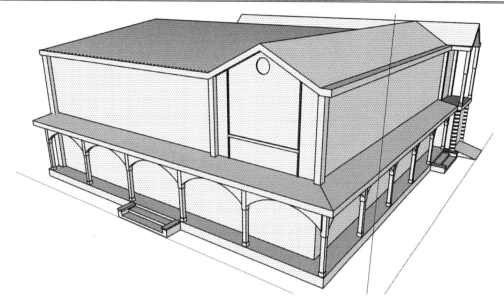

图 3.11　三击选择房子

注意：使用"确定平面的方向"命令一次，只能针对相关联的物体（①处），如果场景中还有其他物体（②处），需要再进行一次操作，如图 3.12 所示。

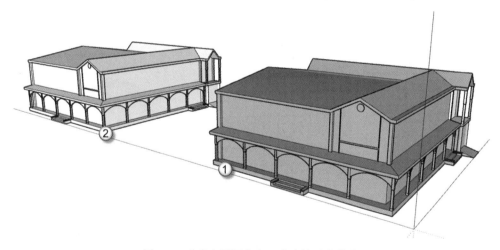

图 3.12　"确定平面方向"命令针对的物体

3.1.4　面的移动与复制

由于 SketchUp 是以"面"为核心的建模方式，对于"面"的操作就显得格外重要了，特别是面的移动与复制。移动面的具体操作方法如下：

（1）对场景中的长方体的任意一个面直接使用"移动复制"命令进行锁定蓝轴的移动，如图 3.13 所示。

（2）把所选择的面移动到需要的位置后释放鼠标，可以发现这时模型的拓扑关系并没有改变，如图 3.14 所示。

图 3.13 移动面 图 3.14 移动面后的物体

（3）在屏幕右下角的数值输入框中输入需要移动的距离，可以达到精确移动面的目的。

🔔注意：一般来说，在建筑设计与室内设计中，由于墙体的几何关系，对于面的移动都会
　　　　锁定一个轴向进行操作，即与 X、Y、Z 任意一轴平行的移动。

对于面的复制，具体操作如下：

（1）单击工具栏中的"移动复制"工具并且按住 Ctrl 键不放，此时光标上出现一个
"+"号，再用光标选择场景中的一个面。

（2）按住鼠标左不放，移动光标拖出一个新面来，如图 3.15 所示。

图 3.15 面的复制

🔔注意：可以在屏幕右下角的数值输入框中输入要移动的距离，也可以在数值输入框中输入
　　　　"x 个数"来复制多个面。例如，输入"x3"，表示复制 3 个面，如图 3.16 所示。

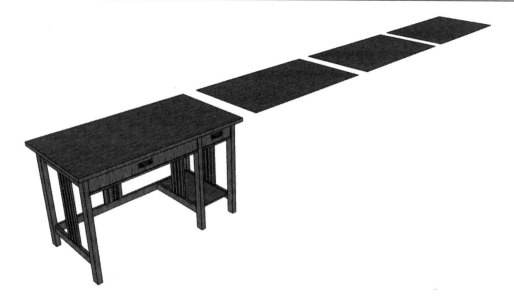

图 3.16 复制多个面

3.2 生成三维模型的主要工具

建立三维模型的一般思路是先绘制出二维底面图，然后再生成三维模型。相比 3ds Max 中复杂而繁多的三维模型生成命令，SketchUp 只配备了两个工具就能基本解决从二维到三维的问题。这两个工具就是"推/拉"与"路径跟随"。

3.2.1 "推/拉"工具

相比"路径跟随"工具，"推/拉"工具的功能更强大。在将二维图形生成三维图形的过程中，90%以上都是使用"推/拉"工具。SketchUp 的"推/拉"工具的作用类似于 3ds Max 中的 Extrude（挤出）命令，只不过操作更直观。

使用"推/拉"工具可以推、拉面以增加厚度，使之成为三维模型，还可以增加或减少三维模型的体积。发出"推/拉"命令有两种方法：一种是单击工具栏中的"推/拉"按钮，另一种是选择"工具"|"推/拉"命令。将二维的面推/拉成三维模型的操作方法如下：

（1）单击工具栏中的"推/拉"按钮，然后选择需要推/拉的面，如图 3.17 所示。

（2）按住鼠标左键不放，沿着需要的方向移动光标，可以看到此时增加了一个厚度，而且新增的面会随着光标的移动而移动，如图 3.18 所示。

（3）在需要的位置释放鼠标，完成三维建模的建立。

注意：可以在屏幕右下角的数值输入框中输入需要推/拉面的距离。例知，输入 3000 表明推/拉 3000mm 的高度，这个尺寸通常就是房间的高度。设计中常用这样的方法建立室内的空间模型，具体的操作方法后面会介绍。

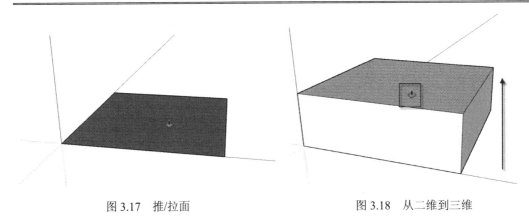

图 3.17　推/拉面　　　　　　　　　　　　图 3.18　从二维到三维

在三维模型中，推/拉面是在保持形体几何特征的情况下对面的移动。具体操作如下：

（1）单击工具栏中的"推/拉"按钮，然后选择需要推/拉的面，如图 3.19 所示。本例选择此模型中凹进去的那个面。

（2）按住鼠标左键不放，沿着需要的方向移动光标，可以看到不仅是面随之移动，整个物体都在随之变化，如图 3.20 所示。

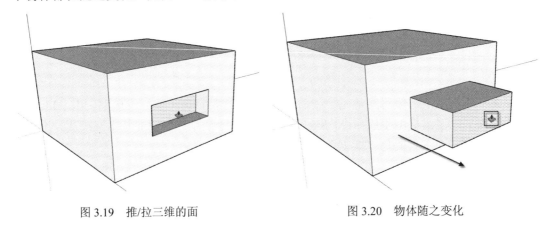

图 3.19　推/拉三维的面　　　　　　　　图 3.20　物体随之变化

（3）在需要的位置释放鼠标，可以观测到面的变化，但是整个物体的几何关系没有变化。

🔔注意：在模型中对面的推/拉与使用"移动复制"工具对面的操作类似，只不过推/拉面时保持与面的垂直方向，而移动/复制面时方向可以随意变化。

用推/拉的方法在三维模型中创建新的面，具体操作如下：

（1）单击工具栏中的"推/拉"按钮，然后按住 Ctrl 键不放选择需要推/拉的面，可以看到屏幕上光标的旁边出现了一个"+"号，表明此时是在复制物体。

（2）按住鼠标左键不放，沿着需要的方向移动光标，此时会产生一个新的面，如图 3.21 所示。

（3）在需要的位置释放鼠标，完成面的创建。

🔔注意："推/拉"工具是最重要的三维建模工具，可以有很多种应用，请读者结合实例多加练习，只有多练习才能熟练地掌握使用要领。

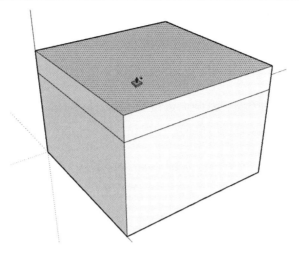

图 3.21　用推/拉的方法在三维模型中创建新的面

3.2.2　"路径跟随"工具

　　"路径跟随"就是将一个截面沿着指定的线路进行拉伸的建模方式，与 **3ds Max** 中的"放样"命令类似，这是一种很传统的从二维到三维的建模工具。发出"路径跟随"命令有两种方式：一种是单击工具栏中的"路径跟随"按钮，另一种是选择"工具"|"路径跟随"命令。

　　将一个截面沿着指定的曲线路径进行拉伸的路径跟随的具体操作如下：

　　（1）单击工具栏中的"路径跟随"按钮，发出命令。

　　（2）根据状态栏中的提示单击截面以选择拉伸面，如图 3.22 所示。

　　（3）将光标移动到作为拉伸路径的曲线上，这时可以看到曲线变红，表明"路径跟随"命令已经锁定路径了，慢慢地沿着曲线移动光标，可以看到截面也随之逐步地拉伸，如图 3.23 所示。

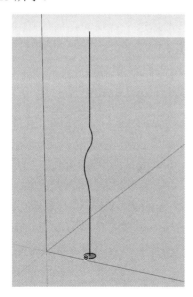

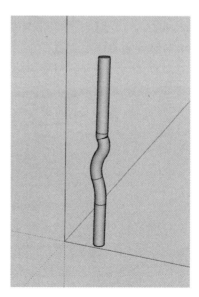

图 3.22　选择拉伸面　　　　　　　　　　　图 3.23　选择路径

（4）移动光标到需要的位置，再次单击，完成路径跟随的操作。

将一个截面沿着表面路径进行拉伸的路径跟随的具体操作如下：

🔔注意：这时的路径不是曲线而是一个面，操作略有不同。

（1）单击工具栏中的"路径跟随"按钮发出命令。

（2）根据状态栏中的提示单击截面，以选择拉伸面。本例的截面为长方体左上角的一个圆弧角，如图 3.24 所示。

（3）按住 Alt 键不放，将光标移动到顶部的面，这时系统会自动判断表面，这个面就作为路径的表面，如图 3.25 所示。

🔔注意：按住 Alt 键进行选择是选择表面路径。

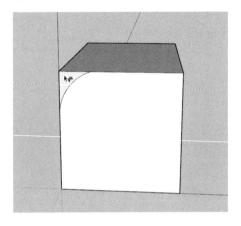

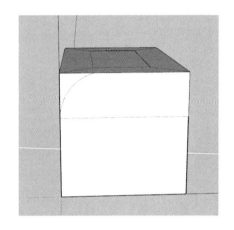

图 3.24　选择截面　　　　　　　　　　图 3.25　选择作为路径的表面

（4）再次单击鼠标确认选择作为路径的表面完成操作，如图 3.26 所示。

🔔注意：这种方法常用来制作室内墙体的顶角欧式石膏线角。

在 SketchUp 中并没有直接绘制球体的工具，但是球体这个特殊的几何体有时又需要出现在场景中，这就需要使用"路径跟随"命令。具体操作如下：

（1）绘制两个半径相同且相交垂直的圆形，如图 3.27 所示。

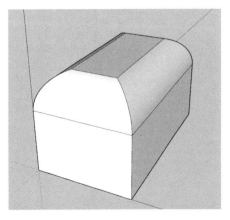

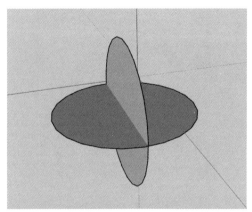

图 3.26　将一个截面沿着表面路径进行拉伸　　　　图 3.27　绘制两个圆形

注意：由于两个圆是相互垂直的关系，在绘制第二个圆时，一定要将视线图调整到方便操作的位置，否则绘图时两圆无法呈现 90° 相交。

（2）单击工具栏中的"路径跟随"按钮发出命令。

（3）选择纵向的圆为拉伸面，如图 3.28 所示。

（4）按住 Alt 键不放，单击水平的圆表明选择此圆作为路径的表面，完成路径跟操作后形成的球体如图 3.29 所示。

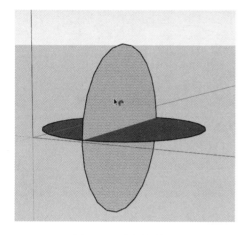

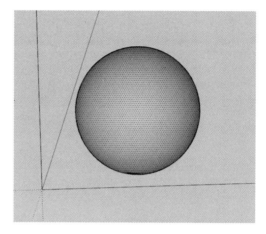

图 3.28　选择拉伸面　　　　　　　图 3.29　球体的绘制

注意：SketchUp 的"推/拉"与"路径跟随"两个三维建模工具看似很简单，实际上可以解决很多问题，能够完成复杂模型的建立。SketchUp 的界面非常简洁，操作也很简单，很多复杂的场景都是由该软件来完成的。读者需要多加练习，后面会有一些实例供读者参考。

3.3　群　　组

有时场景过大，场景中的模型物体过多，管理物体就显得很麻烦，甚至选择一个物体都不容易，这时就需要减少物体的数目（注意，不是减少物体）。方法是将很多小物体最好是同类型相关联的小物体组成一个集合，在选择时这个集合就是选择的物体。例如，将玻璃、窗框和窗台组成一个集合——窗就可以创建一个群组，下次再选择"窗"时系统会自动把玻璃、窗框和窗台这些小物体一并选中。

3.3.1　创建群组

群组是一种可以包含其他物体的特殊物体，常用来把多个同类型的物体集合成一个物体单位，以便于在建模时操作，如选择、移动、复制等。选择物体后，发出创建群组的命令有两种方法：一种是选择"编辑"|"创建群组"命令；另一种是单击选中物体，再右击该物体，在右键菜单中选择"创建群组"命令。下面以 3 个长方体创建群组为例说明，操

作方法如下：

（1）选择需要创建群组的物体，并右击对象，弹出右键菜单，如图 3.30 所示。

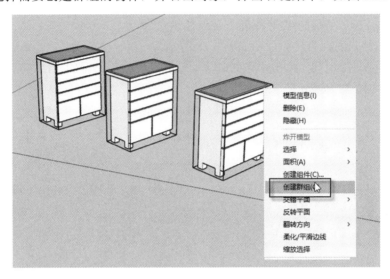

图 3.30　右键菜单

（2）选择"创建群组"命令，这时图中的 3 个床头柜就变成一个物体，如果再单击床头柜的任意部位，会发现它们是一个整体，表明创建群组成功，如图 3.31 所示。

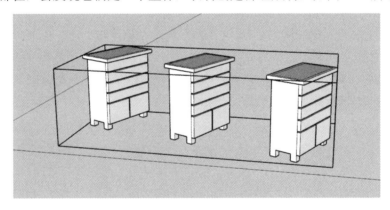

图 3.31　创建群组

注意：群组在建模中非常重要，总体原则是晚建不如早建，少建不如多建。当整个模型建立得差不多时发现有些群组没有建，这时去补救会花费很大的精力，有时甚至无法补救。在建模时一旦出现可以建立群组的物体集，应立即建立。在群组中增加、减少物体的操作是很简单的（后面会讲到这个操作方法。在设计过程中，设计师会不断地调整方案，此时群组的优势就显现出来了）。如果整个模型都非常细致地进行了分组，那么调整模型时会非常方便，群组在这时显得格外重要。

如果需要取消群组，可以右击群组，在弹出的快捷菜单中选择"炸开模型"命令，如图 3.32 所示。这时群组会被取消，原来群组中的各个物体会重新变成单个选择单位。

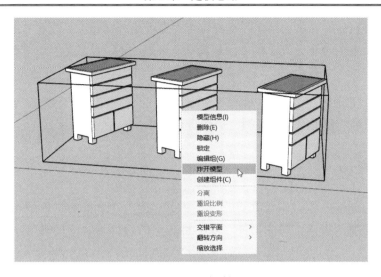

图 3.32　取消群组

3.3.2　群组的嵌套

群组的嵌套就是指一个群组里还有群组，"大"群组与"小"群组之间的相互包容就是群组的嵌套。群组嵌套的具体操作方法如下：

（1）场景中有两个群组：一个是由 3 个床头柜组成的群组，另一个是由 4 个衣柜组成的群组。同时选中两个群组，如图 3.33 所示。

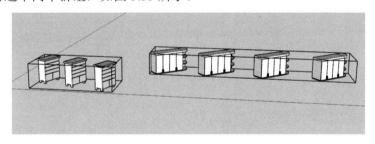

图 3.33　场景中的两个群组

（2）右击这两个群组，在弹出的快捷菜单中选择"创建群组"命令完成新群组的创建。

（3）再次选择这个场景中的任意一个物体会发现它们变成了一个整体，表明原来的两个群组已经组成了一个新的群组，如图 3.34 所示。

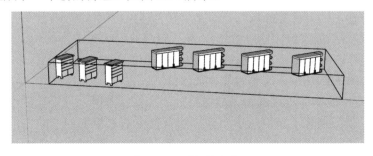

图 3.34　群组的嵌套

注意：虽然群组的嵌套级别（在一个群组中有多少级子群组）并没有具体的限制，但是在建立群组时不宜嵌套过多。如果嵌套级别过多，在调整群组时就会很困难，有时往往找不到需要调整的物体在哪一级嵌套中。

在有嵌套的群组中使用"炸开模型"命令，一次只能取消一级嵌套。如果有多级嵌套的群组，就必须重复使用"炸开模型"命令进行一级一级地分解。

3.3.3　编辑群组

编辑群组是群组操作中非常重要的一个环节。因为在建模的过程中，经常需要对群组进行调整，如增加物体、减少物体、编辑群组中的物体等。在群组中增、减物体的操作如下：

场景中有一个由 4 个床头柜组成的群组，还有一个非群组的衣柜，如图 3.35 所示。现在将群组设置为可编辑状态。方法有两种：一种是直接双击群组，另一种是选择群组后，选择"编辑"|"实体组"|"编辑组"命令。可以看到，此时屏幕中的群组处于激活的可编辑状态，而场景中的其他物体处于无法操作的冻结状态，如图 3.36 所示。

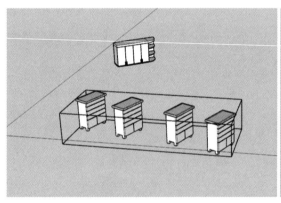
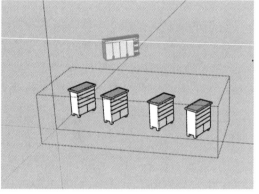

图 3.35　原始场景　　　　　　　　　　　图 3.36　群组的可编辑状态

（1）选择一个床头柜，按 Delete 键直接将其删除，然后单击屏幕空白处，退出编辑群组状态，如图 3.37 所示。这时群组中只有 3 个床头柜，这是删除群组中的物体的方法。

（2）双击群组，此时群组为编辑状态。选择群组中的一个床头柜，使用 Ctrl+X 组合键将此物体剪切，然后单击屏幕空白处退出编辑群组状态，再使用 Ctrl+V 组合键将剪切的床头柜粘贴到场景中，如图 3.38 所示，这是将物体移出群组的方法。

（3）选择场景中的衣柜，使用 Ctrl+X 组合键将此物体剪切。双击群组，此时群组处于编辑状态，再用 Ctrl+V 组合键将剪切的衣柜粘贴到群组中，然后单击屏幕空白处退出编辑群组状态，如图 3.39 所示，这是将物体加入群组的方法。

（4）对群组中的物体进行编辑。当群组处于编辑状态时，可以对群组中的物体进行任意面的编辑，就像物体不在群组中一样。给群组中的衣柜的一个面上再增加一个面，如图 3.40 所示，然后用"推/拉"工具将这个面向外拉出，如图 3.41 所示。

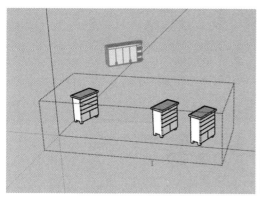

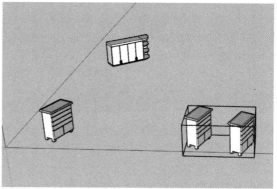

图 3.37　删除群组中的物体　　　　　　　　图 3.38　将物体移出群组

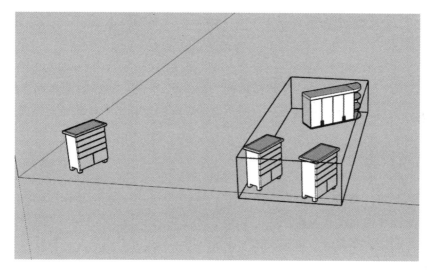

图 3.39　将物体加入群组

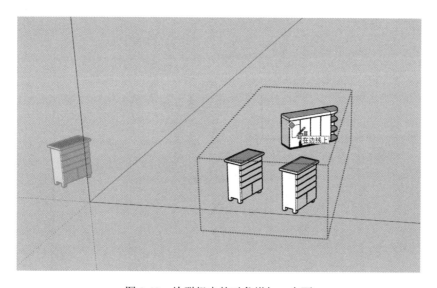

图 3.40　给群组中的对象增加一个面

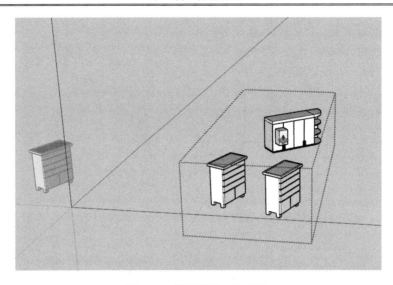

图 3.41 编辑群组中的对象

🔔注意：编辑群组是很常用的一个群组操作，在建模、方案调整时经常用到，建立群组后
　　　　并不是结束了而是刚刚开始，因为需要对群组进行不断地调整与编辑。

3.3.4 锁定群组

物体虽然成组，但并不是最安全的，在操作过程中同样可能会被移动或删除。如果出现了这样的误操作而又没有及时发现，损失可想而知。所以在建立了一个完好的群组且这个群组已经不需要再修改时，可以将这个群组锁定。锁定的群组是不会被修改的，也是最安全的。

锁定群组的具体操作方法如下：

（1）右击需要锁定的群组，在弹出的快捷菜单中选择"锁定"命令，如图 3.42 所示。

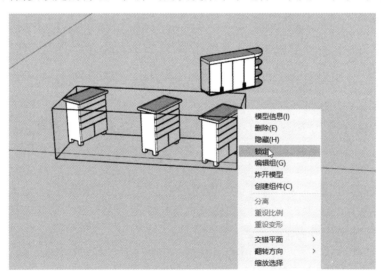

图 3.42 发出锁定命令

（2）再次单击此群组，发现群组以红色的外框显示，表明此群组处于锁定状态，如图 3.43 所示。如果需要编辑锁定的群组，可以将此群组解锁。方法是右击被锁定的群组，在弹出的快捷菜单中选择"解锁"命令即可。

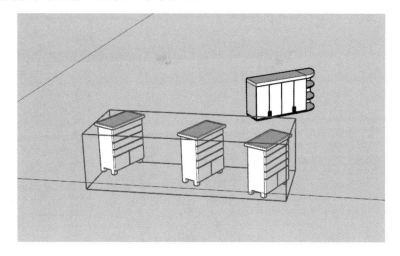

图 3.43　锁定群组

注意：只有群组才能被锁定，物体是无法被锁定的。

3.3.5　群组的命名

群组在默认情况下是没有名称的，这样不便于场景的管理，因此需要对制作好的群组进行命名。本节以 5 个几何体为例，说明如何对群组进行命名。

（1）打开几何体。按 Ctrl+O 快捷键发出"打开"命令，打开本书配套下载资源中的"几何体.SKP"文件，如图 3.44 所示。

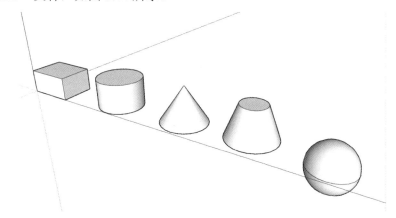

图 3.44　打开几何体

（2）显示"管理目录"卷展栏。在默认情况下，"默认面板"中是不包括"管理目录"卷展栏的，需要手动添加。选择"窗口"|"默认面板"|"管理目录"命令，软件会在"默认面板"中自动生成"管理目录"卷展栏，如图 3.45 所示。对群组的命名就在这个"管理

目录"中完成。

（3）创建球体群组。三击球体，以选择整个球体对象。选择"编辑"|"创建群组"命令，将整个球体制作成一个群组，由于场景中只有一个群组，因此在"管理目录"下对应的只有一个"组"，如图 3.46 所示。

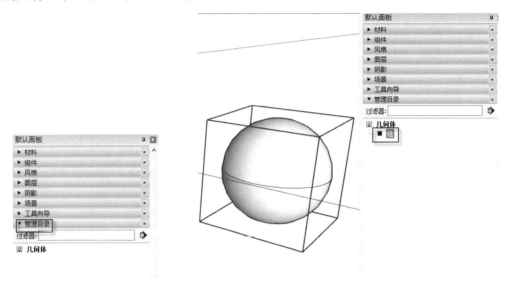

图 3.45　管理目录　　　　　　　　　图 3.46　创建球体群组

（4）命名"球体"组件。右击"组"选项，在弹出的快捷菜单中选择"重命名"命令，如图 3.47 所示。在名称输入框中输入"球体"字样，如图 3.48 所示。之后就可以看到组的名称已经正确显示了，如图 3.49 所示。

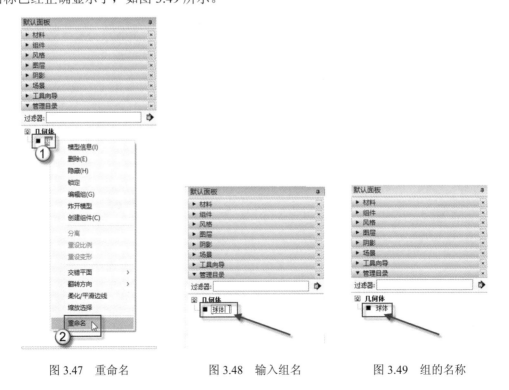

图 3.47　重命名　　　图 3.48　输入组名　　　图 3.49　组的名称

（5）创建并命名"圆台"群组。三击圆台，以选择整个圆台对象。选择"编辑"|
"创建群组"命令，将整个圆台制作成一个群组，可以看到，在"管理目录"下生成了
一个"组"，如图 3.50 所示。右击"组"选项，在弹出的快捷菜单中选择"重命名"命
令，在名称输入框中输入"圆台"字样，按 Enter 键后就可以看到"圆台"的组名了，如
图 3.51 所示。

（6）创建并命名"圆锥"群组。三击圆锥，以选择整个圆锥对象。选择"编辑"|"创
建群组"命令，将整个圆锥制作成一个群组，可以看到，在"管理目录"下生成了一个"组"，
如图 3.52 所示。右击"组"选项，在弹出的快捷菜单中选择"重命名"命令，在名称输入
框中输入"圆锥"字样，按 Enter 键后就可以看到"圆锥"的组名了，如图 3.53 所示。

图 3.50　创建群组　　　　　图 3.51　组的名称　　　　　图 3.52　创建群组

（7）创建并命名"圆柱"群组。三击圆柱，以选择整个圆柱对象。选择"编辑"|
"创建群组"命令，将整个圆柱制作成一个群组，可以看到，在"管理目录"下生成了
一个"组"，如图 3.54 所示。右击"组"选项，在弹出的快捷菜单中选择"重命名"命
令，在名称输入框中输入"圆柱"字样，按 Enter 键后就可以看到"圆柱"的组名了，如
图 3.55 所示。

图 3.53　组的名称　　　　　图 3.54　创建群组　　　　　图 3.55　组的名称

（8）创建并命名"长方体"群组。三击长方体，以选择整个长方体对象。选择"编辑"|
"创建群组"命令，将整个长方体制作成一个群组，在"管理目录"下即生成了一个"组"，
如图 3.56 所示。右击"组"选项，在弹出的快捷菜单中选择"重命名"命令，在名称输入
框中输入"长方体"字样，按 Enter 键后就可以看到"长方体"的组名了，如图 3.57 所示。

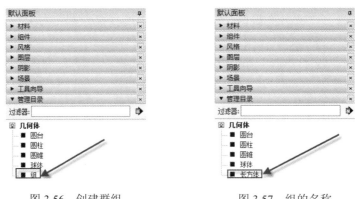

图 3.56 创建群组   图 3.57 组的名称

完成以上操作后，在场景中选择群组时，"管理目录"中的组的名称会加亮显示。同样，在"管理目录"中选择组名时，场景中相应的群组也会高亮显示，如图 3.58 所示。

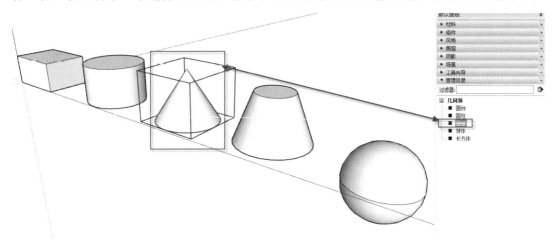

图 3.58 高亮显示

3.4 组　　件

在建模过程中，如果有好的模型或有代表性的模型，可以与他人共享，也可以留着以后建模时再次使用。导入与导出模型，需要使用 SketchUp 的"组件"功能。

3.4.1 制作组件

组件与群组有很多相似之处，制作组件与创建群组的方法也基本一致。但是制作组件与创建群组的意义不同，前者的目的是把好的模型拿出来进行交流与分享，后者的目的是自己以后方便建模操作。

制作组件的方法如下：

（1）在场景中选择需要制作组件的物体，这里以窗台、窗框、玻璃组成的"窗"组件为例。右击这些物体，弹出如图 3.59 所示的右键菜单。

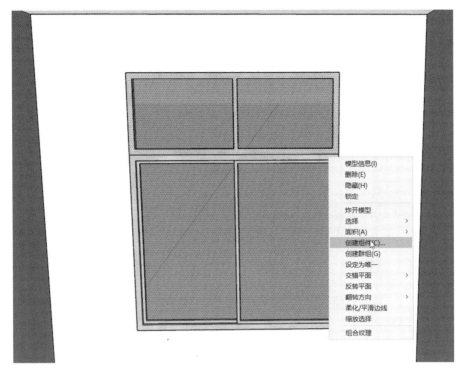

图 3.59　准备制作组件

（2）选择"创建组件"命令，弹出"创建组件"对话框，由于本例中是"窗"组件，在"定义"文本框中输入"窗 1"，表明这个组件的名称是"窗 1"，如图 3.60 所示。

（3）单击"创建"按钮，完成"窗 1"组件的创建。再次选择物体，可以看到已经形成了一个组件。

🔔注意：此时已经完成了组件的制作，但是最关键的问题还没有解决，即将组件拿出来进行交流与共享，否则没有必要制作组件，创建群组就够了。

（4）将制作好的组件导出。选择组件并右击，弹出的右键菜单如图 3.61 所示。

（5）选择"另存为"命令，弹出"另存为"对话框，如图 3.62 所示。在路径列表中选择文件需要存放的位置，在"文件名"下拉列表框中输入"窗 1"文件名，然后单击"保存"按钮，一个名为"窗 1.skp"的文件就保存下来了。这样就可以通过导入"窗 1.skp"这个 SketchUp 的组件文件来共享组件了。

图 3.60　"创建组件"对话框

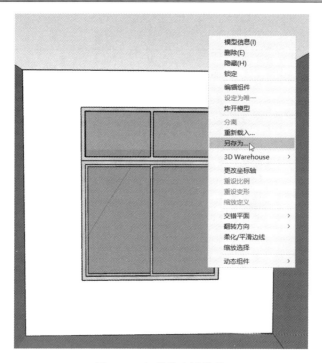

图 3.61　组件的右键菜单

图 3.62　"另存为"对话框

（6）选择"默认面板"|"组件"命令，弹出"组件"面板，选择"选择"选项卡，在这个选项卡中可以看到当前场景中的所有组件信息。此时场景中只有刚才制作的"窗1"这一个组件，如图 3.63 所示。

注意："组件"浏览器有调用组件的功能，可以调用场景中现有的组件，也可以调用场景以外已经制作好的组件。

（7）调用场景中现有的组件。在"组件"浏览器中单击需要的组件"窗1"，将"窗

1"拖到场景中，如图 3.64 所示。

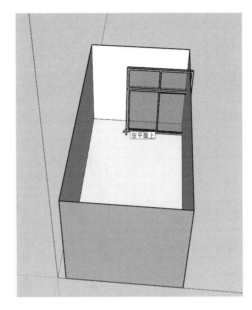

图 3.63　"组件"浏览器　　　　　　　　　　图 3.64　拖曳组件

（8）把组件"窗 1"拖到需要的位置后释放鼠标，此时组件将插入相应的位置上，如图 3.65 所示。

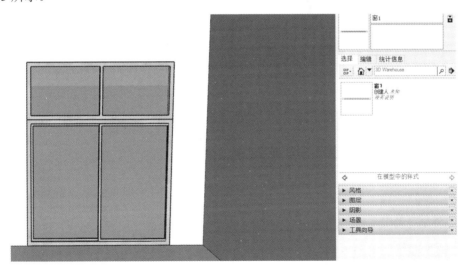

图 3.65　把组件插入到相应位置

🔔注意：插入组件时，系统会自动删除与组件相交的多余的面。如果需要精确插入，最好先用辅助线定出组件应插入的区域。

3.4.2　制作"二维人"组件

在 SketchUp 中需要插入一些人物、动物、植物等作为配景。在 SketchUp 中制作建筑配景。有两种方法，一种是制作三维组件，另一种是制作二维组件。笔者强烈建议制作二维组件，因为三维组件不仅制作复杂，而且面数极多，会影响场景的流畅运转。

本节以制作"二维人"组件为例，说明一般建筑配景的制作方法。要注意不仅要把组件制作好，还要考虑其真实的阴影关系。为了让"二维人"组件投射出正常的阴影，还要使用 3ds Max 将人物轮廓的 AI 文件转换成 DWG 文件。

（1）打开"商务人.JPG"文件。启动 Photoshop 软件，按 Ctrl+O 快捷键发出"打开"命令，打开本书配套下载资源中的"商务人.JPG"文件，如图 3.66 所示。

图 3.66　商务人模型

（2）裁剪人物。按 C 快捷键发出"裁剪"命令，调整裁剪框以框选相应的人物，如图 3.67 所示。按 Enter 键完成裁剪，只保留需要的部分，如图 3.68 所示。

图 3.67　调整裁剪框　　　　　　　　　　　　图 3.68　完成裁剪

（3）去掉背景。按 W 快捷键发出"魔棒工具"命令，设置"容差"的值为 40，勾选

"连续"复选框，单击图片的浅色背景区，如图 3.69 所示。按 Delete 键将选中的浅色背景区删除，可以看到，原来的背景区域以方格网所代替，如图 3.70 所示。

图 3.69　选择背景

图 3.70　删除背景

注意：在 Photoshop 中，方格网表示透明背景。此步操作就是将背景删除，只保留人物主体。这样将人物导入 SketchUp 中后，在阳光的照射下会生成正常的阴影。

（4）生成工作路径。按住 Ctrl 键不放，单击"图层 0"，如图 3.71 所示。选择"路径"选项卡，单击"从选区生成工作路径"按钮，会出现一个新的工作路径，如图 3.72 所示。

图 3.71　选择图层

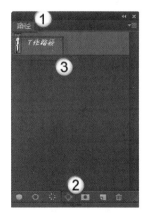

图 3.72　从选区生成工作路径

注意：Photoshop 中的工作路径是图形矢量化的一种方式，此处的这个工作路径就是人物的外轮廓线。

（5）导出 AI 文件。选择"文件"|"导出"|"路径到 Illustrator"命令，在弹出的"导出路径到文件"对话中单击"确定"按钮，如图 3.73 所示。在弹出的"选择存储路径的文

件名"对话框中输入文件名为"人.ai",单击"保存"
按钮,如图 3.74 所示。

（6）保存人物贴图。按 Shift+Ctrl+S 快捷键,发
出"存储为"命令,在弹出的"存储为"对话框中,切

图 3.73　确定工作路径

换格式为"PNG（*.PNG;*.PNS）",输入文件名为"人.png",单击"保存"按钮,
如图 3.75 所示。

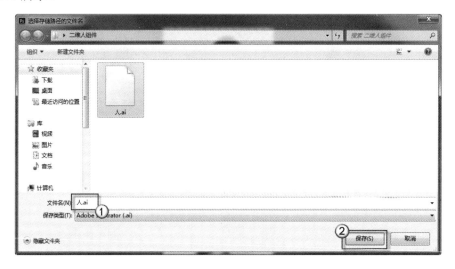

图 3.74　保存 AI 文件

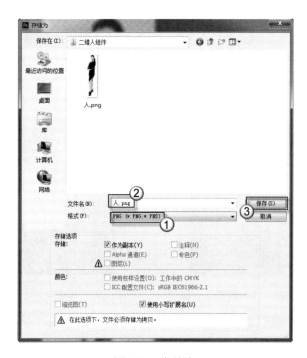

图 3.75　存储为

注意:PNG 格式是一种特别的图片文件格式,其支持背景镂空显示。

（7）导入 AI 文件。打开 3ds Max 软件，选择"文件"|"导入"|"导入"命令，在弹出的"选择要导入的文件"对话框中，选择文件类型为"Adobe Illustrator（*.AI）"格式，选择"人.ai"文件（即前面保存的文件），单击"打开"按钮，如图 3.76 所示。此时会弹出"AI 导入"与"图形导入"两个对话框，皆单击"确定"按钮，如图 3.77 和图 3.78 所示。完成后可以看到"二维人"的轮廓线已被导入 3ds Max 的作图区，如图 3.79 所示。

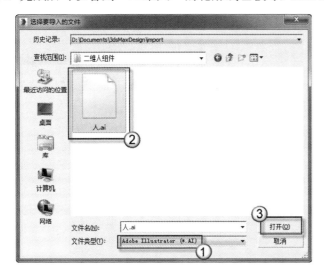

图 3.76　选择要导入的文件

图 3.77　AI 导入

图 3.78　图形导入

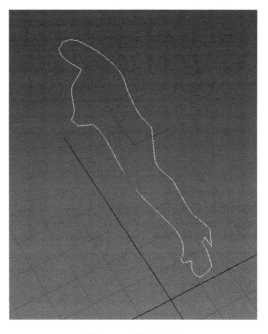

图 3.79　导入成功

（8）导出 DWG 文件。在 3ds Max 中，选择"文件"|"导出"|"导出"命令，在弹出的"选择要导出的文件"对话框中，选择保存类型为"AutoCAD（*.DWG）"格式，输入文件名为"人"，单击"保存"按钮，如图 3.80 所示。在弹出的"导出到 AutoCAD 文

件"对话框中,切换导出版本为"AutoCAD 2004 DWG",单击"确定"按钮,如图 3.81
所示。

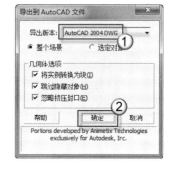

图 3.80 选择要导出的文件   图 3.81 导出 AutoCAD 文件

注意:AI 格式的文件是不能直接导入 SketchUp 中的,必须通过 3ds Max 进行中转,即导入
AI 文件,然后导出 DWG 文件。只有 DWG 格式的文件才可以导入到 SketchUp 中。

(9)导入 DWG 文件。打开 SketchUp,选择"文件"|"导入"命令,在弹出的"导
入"对话框中切换到"AutoCAD 文件(*.dwg,*.dxf)"选项,选择前一步生成的"人.DWG"
文件,单击"导入"按钮,如图 3.82 所示。在弹出的"导入结果"对话框中,单击"关闭"
按钮,如图 3.83 所示。此时可以看到"二维人"的轮廓线已经导入 SketchUp 中,如图 3.84
所示。

图 3.82 导入 DWG 文件   图 3.83 导入结果

（10）旋转人物轮廓。导入的对象是在红轴与绿轴组成的平面上，即 XY 平面上，是"睡"着的状态，需要将其"站"起来，即人高的轴向平行于 Z 轴（蓝轴）。选择对象，按 Q 快捷键发出"旋转"命令，以原点为基准点进行旋转，如图 3.85 所示。输入 90（度），按 Enter 键确定。

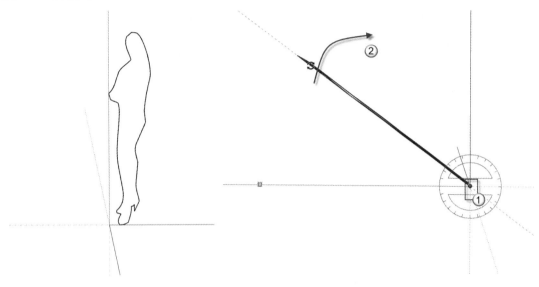

图 3.84　导入成功　　　　　　　　　　图 3.85　旋转人物轮廓

（11）新建材质。按 B 键发出"材质"命令。在"材料"面板中单击"创建材质"按钮，在弹出的"创建材质"对话框中输入材质名称为"人"，勾选"使用纹理图像"复选框，在弹出的"选择图像"对话框中选择前面保存的"人.png"文件，单击"打开"按钮，再单击"确定"按钮完成材质创建，如图 3.86 所示。

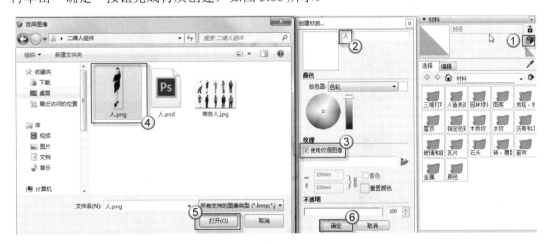

图 3.86　新建材质

（12）调整贴图。将新建的材质赋予对象，如图 3.87 所示，此时发现贴图的坐标不对。右击"人"对象，选择"纹理"|"位置"命令，再次右击"人"对象，在弹出的快捷菜单中选择"镜像"|"左右"命令，将贴图进行左右镜像，如图 3.88 所示。然后拖曳图钉，将贴图略拉大一点，如图 3.89 所示。

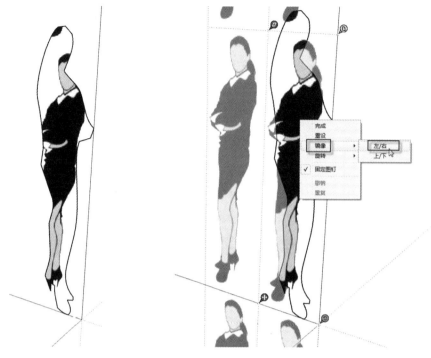

图 3.87　赋予材质　　　　　　　　　　　　　图 3.88　镜像贴图

（13）缩放人物对象。按 T 键发出"卷尺"命令，从人物的脚部拉到人物的头部，可以看到高度约为 107mm 左右，如图 3.90 所示。输入 1700 并按 Enter 键，弹出 SketchUp 对话框，单击"是（Y）"按钮，如图 3.91 所示。之后会将人物对象的高度由测量的 107mm 放大到 1700mm。

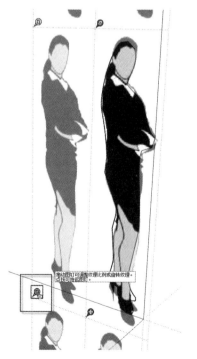

图 3.89　拖曳图钉　　　　　　　　　　　　　图 3.90　设置人物高度

（14）完成人物组件创建。在"阴影"面板中，单击"显示/隐藏阴影"按钮，如图 3.92 所示，设置场景中的阴影效果。可以看到，在阳光的照射下，人物对象投射出了正确的阴影，如图 3.93 所示。

图 3.91　调整模型大小　　　　图 3.92　设置阴影效果　　　图 3.93　完成"二维人"组件的创建

3.4.3　群组与组件的区别

群组与组件有相似的地方，也有不同的地方。本节选用一个简单的场景模型来说明二者的区别。这两种类型容易混淆，请读者注意区分。

（1）打开餐桌和餐椅文件。按 Ctrl+O 快捷键发出"打开"命令，打开本书配套下载资源中的"餐桌椅.SKP"文件，如图 3.94 所示。可以看到场景中有一张餐桌与一把餐椅。

图 3.94　餐桌和餐椅

（2）制作餐桌群组。三击餐桌以选择整个餐桌对象，再右击对象，在右键菜单中选择"创建群组"命令，如图 3.95 所示。在"管理目录"卷展栏中右击"组"选项，在右键菜单中选择"重命名"命令，如图 3.96 所示。在名称输入框中输入"餐桌"字样并按 Enter 键后就可以看到"餐桌"的组名了，如图 3.97 所示。在场景中选择餐桌，可以看到其是一个对象了，如图 3.98 所示，说明群组创建成功。

图 3.95　创建群组

图 3.96　重命名组

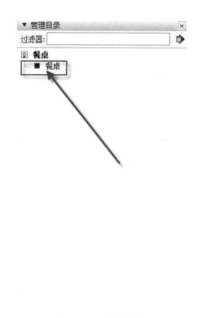

图 3.97　餐桌组名

（3）创建餐椅组件。三击餐椅以选择整个餐椅对象，再右击对象，在右键菜单中选择"创建组件"命令，如图 3.99 所示。在弹出的"创建组件"对话框中，在"定义"栏中输入"餐椅"字样，勾选"用组件替换选择内容"复选框，单击"创建"按钮，如图 3.100 所示。完成创建后，可以看到场景中的餐椅是一个对象了，并且在"管理目录"卷展栏中出现了"餐椅"字样，如图 3.101 所示。

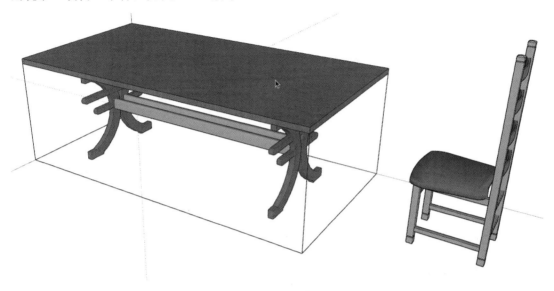

图 3.98　创建成功

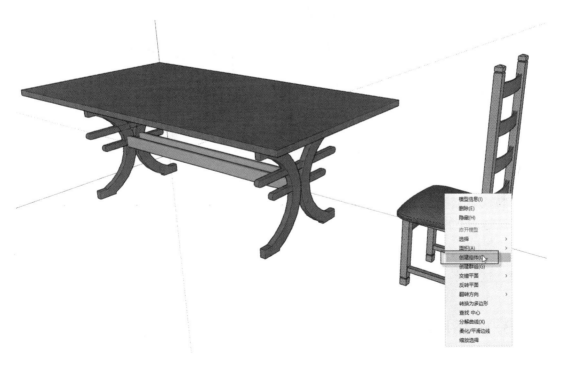

图 3.99　创建组件

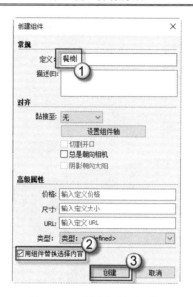

图 3.100　创建组件对话框

图 3.101　完成创建

（4）复制餐椅对象。使用"复制""旋转"等命令，复制出其他 5 把餐椅，如图 3.102 所示。这是一个 6 座的餐桌、椅模型，读者还应该注意在"管理目录"中的变化（相应也是 6 把"餐椅"）。

注意：这个餐桌、椅场景中只有一张餐桌，因此使用"群组"功能。而场景中的餐椅有 6 把，故而需要使用"组件"功能。这两个功能的详细区别在后面还会介绍。

（5）修改餐椅组件。双击场景中的任一把餐椅进入组件编辑模式，选择这把餐椅的靠背中最下面的一根横撑（每把餐椅的靠背为 4 根横撑），如图 3.103 所示。按 Delete 键将这把餐椅选中最下面的横撑删除，可以看到同一类组件的另外 5 把餐椅也做了同样的操作，如图 3.104 所示。单击屏幕空白处退出组件编辑模式，可以看到每把餐椅的靠背只剩下了 3 根横撑，如图 3.105 所示。

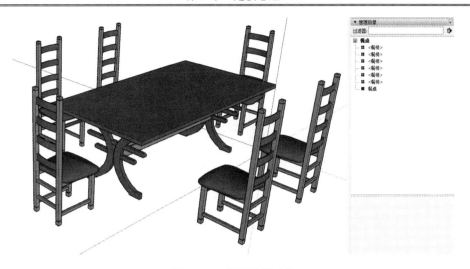

图 3.102　复制餐椅对象

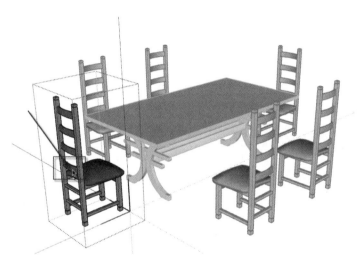

图 3.103　选择横撑

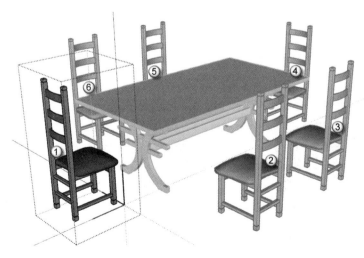

图 3.104　删除横撑

图 3.105　完成操作

（6）解除组件的关联。场景中的餐椅是通过复制组件生成的，相互间为关联关系（即更改其中一个组件，另外的组件会关联修改）。如果要解除关联，只修改其中一个组件，则需要使用"设定为唯一"功能。右击需要解除关联关系的餐椅组件，在右键菜单中选择"设定为唯一"命令，如图 3.106 所示。可以看到，"管理目录"卷展栏中的名称相应变更为了"餐椅#1"，如图 3.107 所示。名称由"餐椅"变更为"餐椅#1"，说明其已经解除了与另外 5 个组件的关联关系了。双击"餐椅#1"组件，进入组件编辑模式，选择靠背中最上面的一根横撑，如图 3.108 所示。按 Delete 键删除选择的上部横撑，单击屏幕空白处退出组件编辑模式，如图 3.109 所示。可以看到只有这把餐椅的上部横撑被删除（①处），而其余 5 把餐椅的横撑保持不变（②处）。

图 3.106　设定为唯一

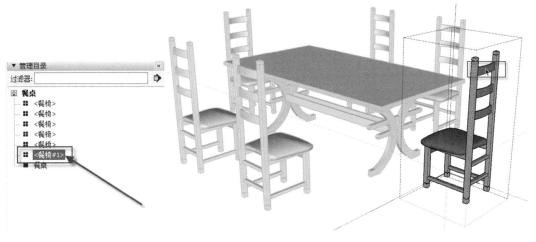

图 3.107　餐椅#1　　　　　　　　　　　　图 3.108　选择上部的横撑

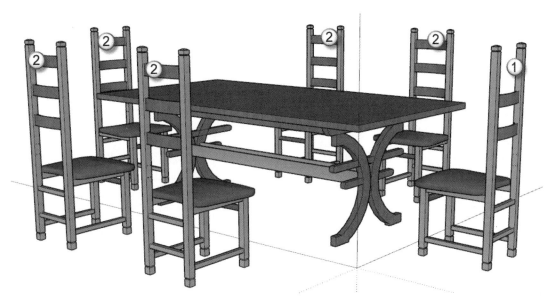

图 3.109　退出组件编辑模式

（7）群组与组件的区别。群组与组件的区别见表 3.1 所示。读者在建模时应合理使用群组与组件。

表 3.1　群组与组件的区别

	关　联	命　名	另　存　为	使　用　方　法
组件	复制后的组件相互关联，更改其中一个组件，其余组件会随之变化	组件的命名在"创建组件"对话框中	右击组件，有"另存为"命令，可以将组件另存为一个SKP文件方便传递	场景中有多个相同的模型对象，需要进行复制操作
群组	复制后的群组相互不关联，更改其中一个群组，其余群组不会随之变化	群组的命名在"管理目录"卷展栏中	无"另存为"功能	场景中只有这一种模型对象

3.5　材质与贴图

表现模型质地的最好方式就是材质，但材质并不是孤立存在的，必须与灯光配合使用。在灯光的照射下，物体表面形成了明暗两个大部，明部、暗部、环境光共同组成了完整的材质系统。而在 SketchUp 中只有简单的天光表现，所以此软件的材质并不能称为"材质"，只能称为"颜色贴图"。但是正是由于没有真实光照的模拟，SketchUp 的材质显示操作异常简单，显示速度也快，符合 SketchUp 简洁明快的操作手法。

读者在使用 SketchUp 时，如果只需要一般的效果图，可以只使用软件本身提供的材质；如果需要逼真的效果图，则需要在 3ds Max 中赋予材质并进行真实的渲染计算。

3.5.1　材质浏览器与材质编辑器

在 SketchUp 中，使用"材质浏览器"与材质编辑器这两个工具来调整或赋予材质。开启材质浏览器，直接单击"默认面板"上的"材料"对话框。

如图 3.110 所示就是启动后的材质浏览器，中间是材质预览窗口，这里显示的是材质的样式。在默认情况下当前的材质类别是"玻璃与镜子"，可以单击下拉按钮切换其他类别的材质，如图 3.111 所示。

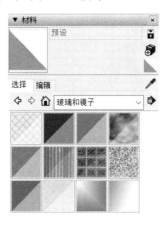

图 3.110　材质浏览器

图 3.111　选择材质

按 B 快捷键启动材质编辑器，然后选择编辑选项卡。

启动后的材质编辑器中包括材质的名称（①）、材质预览（②）、调色板（③）、贴图坐标（④）、不透明度（⑤）、贴图选择（⑥）和亮度（⑦）7 个部分，如图 3.112 所示。

❑　"材质的名称"是对材质的指代，中文、英文、阿拉伯数字都可以，只要方便辨认即可。注意，如果要将模型导入 3ds Max，则不允许使用中文的材质名称。

□ "材质预览"窗口可以显示调整的材质效果，这是一个动态的窗口，对材质的每一步的调整都可以实时显示。

□ "调色板"的作用是调整材质的颜色。

□ "贴图坐标"的作用是如果材质使用了外部贴图，可以调整贴图的大小，这里可以调整横向、纵向贴图的尺寸。

□ "不透明度"主要是用于制作透明材质，最常见的就是玻璃。此数值为 100 时，材质不透明，为 0 时，材质完全透明。

□ "贴图选择"就是选择外部的贴图，单击按钮会弹出"选择图像"对话框，如图 3.113 所示。在该对话框中可以选择图片类的文件作为外部贴图。

□ "亮度"的作用是调整材质颜色的亮度。

图 3.112　材质编辑器

图 3.113　"选择图像"对话框

对物体赋予材质的具体操作方法如下：

（1）打开材质浏览器，在其中选择需要的基本材质。

（2）选择"编辑"选项卡，弹出材质编辑器，在其中对材质进行调整，单击"关闭"按组，完成材质调整操作。

（3）此时光标变成了油漆桶，表示准备赋予材质。在所需要的物体表面上单击，材质立即赋予上去，如图 3.114 所示。

（4）如果要对所赋予的材质进行调整，可以选择"模型中"选项卡，在材质预览区中找到相应的材质图标并双击，弹出材质编辑器，在其中重新设置即可。

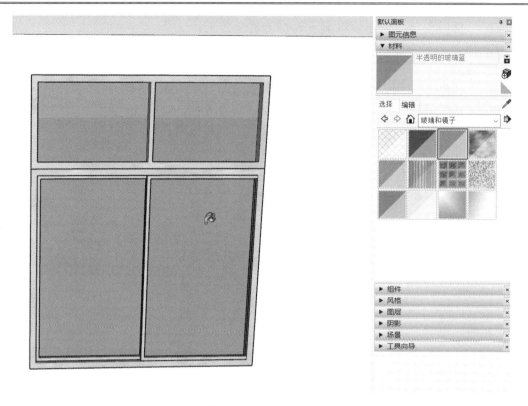

图 3.114　赋予材质

🔔注意：材质的调整是一个整体过程，需要对比场景中所有物体的效果才能得出最终的材质。调整材质时不能只看局部的效果而忽略整体情况。

3.5.2　贴图坐标的调整——以杂志建模为例

材质中贴图大小、位置和方向的调整，一般称为"贴图坐标"的调整。本节以一本杂志为例，介绍贴图坐标的调整方法。

（1）建立杂志模型。按 R 快捷键发出"矩形"命令，绘制一个 285mm×210mm 的矩形。按 P 快捷键发出"推/拉"命令，将矩形向上拉伸 10mm 作为杂志的模型，如图 3.115 所示。

（2）新建"杂志"材质。在"默认面板"中进入"材料"卷展栏，单击"创建材质"按钮，在弹出的"创建材质"对话框中输入"杂志"材质名，设置颜色为 R=255、G=255、B=255（即纯白色），单击"确定"按钮，如图 3.116 所示。然后将这个"杂志"材质赋予对象。

（3）新建"封面"材质。单击"创建材质"按钮，在弹出的"创建材质"对话框中输入"封面"材质名，勾选"使用纹理图像"复选框，在弹出的"选择图像"对话框中，选择配套下载资源提供的"杂志封面.JPG"文件，单击"打开"按钮，再单击"确定"按钮，如图 3.117 所示。然后将这个"封面"材质赋予杂志的封面，如图 3.118 所示，可以看到贴图坐标有问题，需要进行调整。

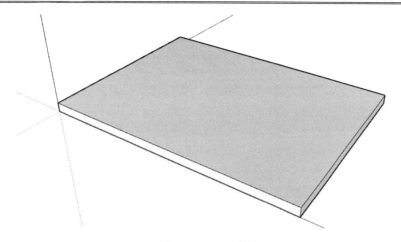

图 3.115　杂志模型

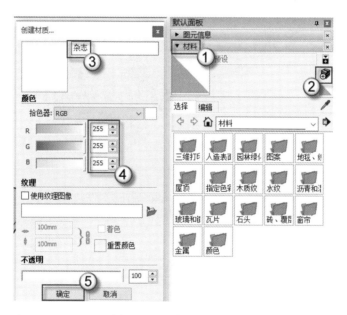

图 3.116　添加贴图杂志

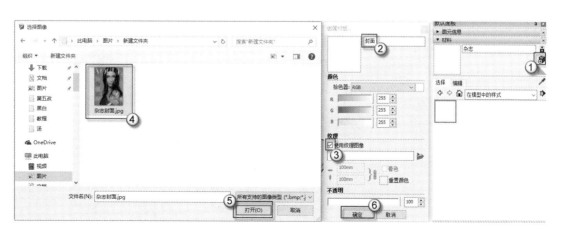

图 3.117　封面材质

（4）调整贴图坐标。右击封面，在右键菜单中选择"纹理"|"位置"命令，如图 3.119 所示。此时在贴图上会出现 4 个图钉，如图 3.120 所示。调整这 4 个图钉，可以调整贴图坐标。"移动"图钉（①处）的功能是移动贴图，"旋转"图钉（②处）的功能是旋转与缩放贴图，另两个图钉为空间调整，很少用到。调整好贴图坐标后，右击贴图，在右键菜单中选择"完成"命令，如图 3.121 所示。

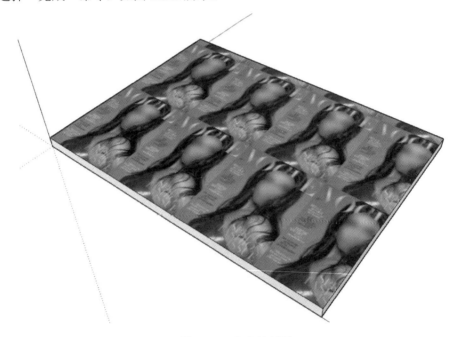

图 3.118　杂志的封面

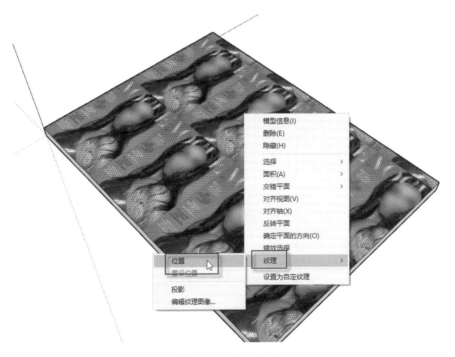

图 3.119　纹理命令

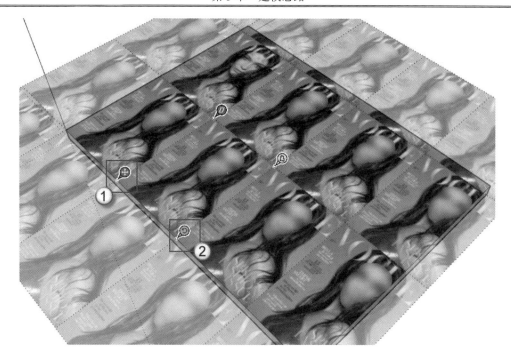

图 3.120　调整贴图坐标的图钉

图 3.121　选择"完成"命令

杂志制作完成后，效果如图 3.122 所示。将杂志制作成组件，以组件的方式放入书桌上，如图 3.123 所示，这样的场景更为生动。

图 3.122　杂志

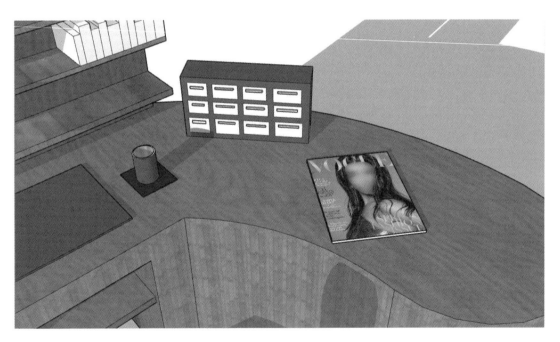

图 3.123　杂志与书桌

3.6　布 尔 运 算

布尔运算是数字符号化的逻辑推演法，包括联合、相交、相减。在图形处理操作中引用了这种逻辑运算方法以使简单的基本图形组合产生新的形体，并由二维布尔运算发展到三维图形的布尔运算。

　　在 SketchUp 中的布尔运算主要有两种：模型交错与实体工具。模型交错主要是针对"面"，而实体工具主要是针对"体"。SketchUp 中实际上没有"体"的概念，因此实体工具要求对象要成组（群组或组件），模型交错的对象不要成组。

3.6.1　模型交错

　　模型交错其实就是三维的布尔运算。对两个及两个以上相交的对象执行模型交错命令，其相交部分会生成相交线。擦除不要的部分，能够得到特殊的形体。这些相交的对象，最好先不要做成组件或群组，在执行完模型交错后再成组。

　　本节选用两个坡屋顶，将这两个坡屋顶组合在一起，利用"模型交错"命令生成一个组合坡屋顶，用这个例子介绍模型交错是如何操作的。

　　（1）打开屋顶文件。按 Ctrl+O 快捷键发出"打开"命令，打开配套下载资源中的"屋顶.SKP"文件，如图 3.124 所示。可以看到场景中有一大一小两个屋顶。

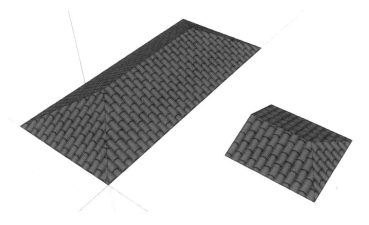

图 3.124　打开屋顶文件

　　（2）对位大小坡屋顶。三击小坡屋顶，按 M 快捷键发出"移动"命令，将小坡屋顶向大坡屋顶方向移动（锁定绿轴方向），如图 3.125 所示。沿绿轴方向移动，直至出现"在平面上"的提示，如图 3.126 所示。此时小坡屋顶与大坡屋顶对位完成。

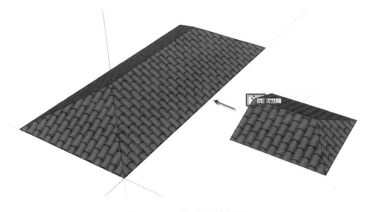

图 3.125　移动小坡屋顶

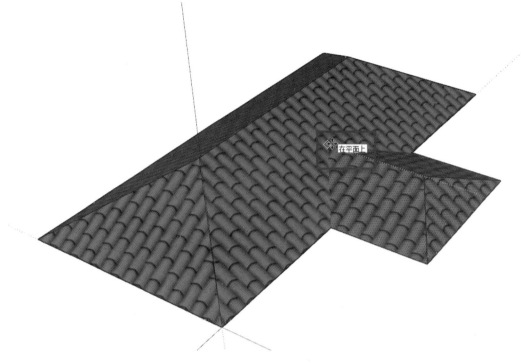

图 3.126　在平面上

　　（3）模型交错。由于大小两个屋顶已经连接上了，三击坡屋顶会将两者同时选上，再右击对象，在右键菜单中选择"交错平面"|"模型交错"命令，如图 3.127 所示。可以看到，大小坡屋顶相交处出现了两根屋脊线，如图 3.128 所示。转动视图到屋顶的底部，可以看到有几根多余的直线（①~⑤），如图 3.129 所示。

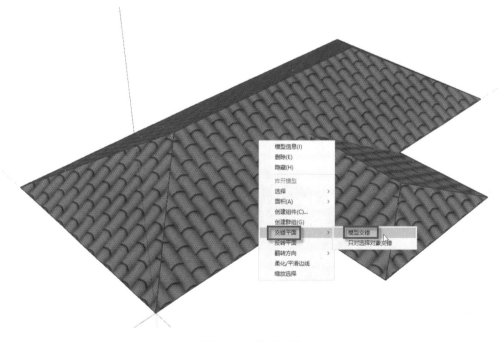

图 3.127　模型交错

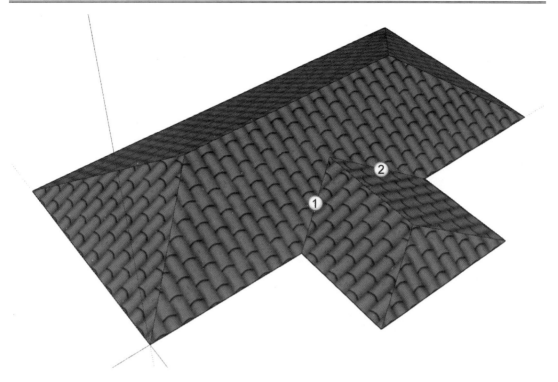

图 3.128　屋脊线

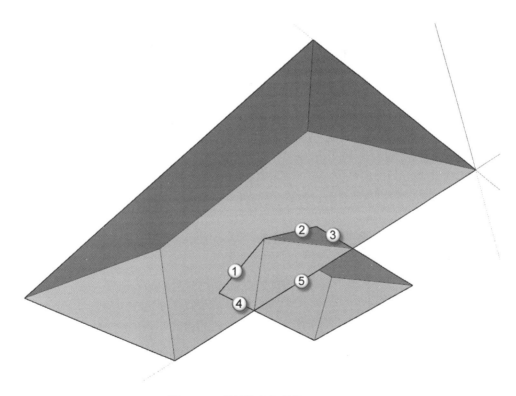

图 3.129　底部的多余直线

（4）删除多余的直线。选择这些多余的直线，按 Delete 键将它们删除。删除后的底部如图 3.130 所示。

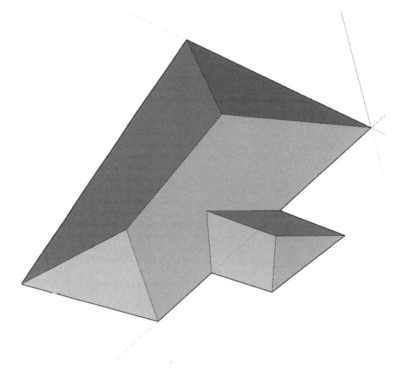

图 3.130   删除多余的直线

（5）绘制檐口。根据图 3.131 所示的尺寸，使用"直线"工具绘制檐口截面。绘制好后的檐口截面如图 3.132 所示。选择"工具"|"路径跟随"命令，沿着屋顶底部的边界进行建模，如图 3.133 所示。制作完成后的檐口如图 3.134 所示。可以看出，有了檐口的屋顶才更加逼真。

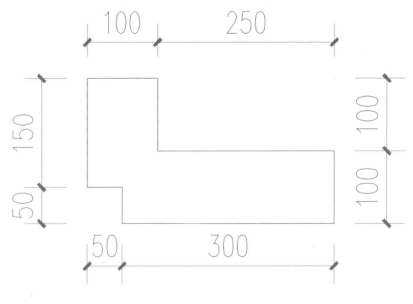

图 3.131   檐口尺寸

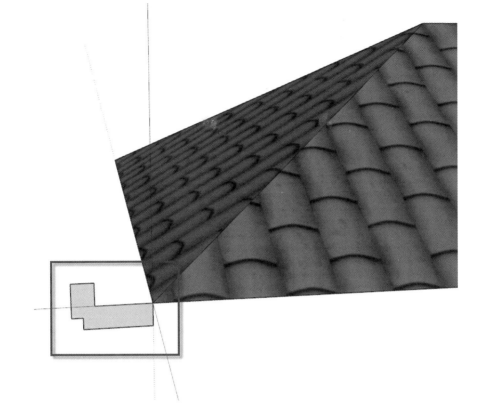

图 3.132　绘制檐口截面

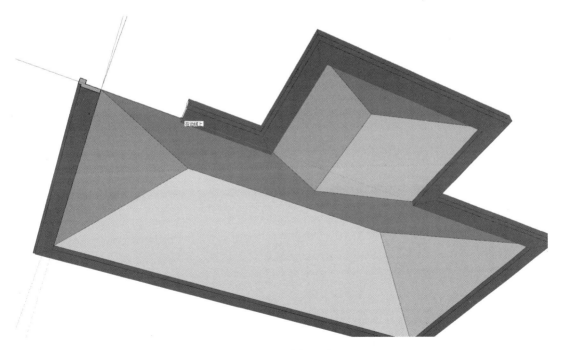

图 3.133　路径跟随

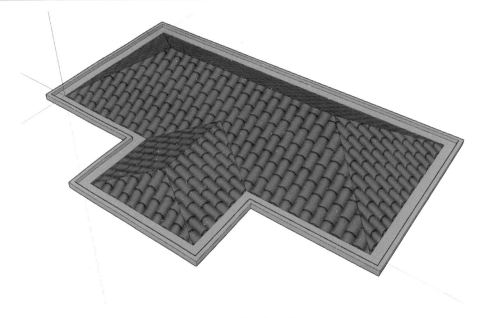

图 3.134　完成檐口绘制

3.6.2　实体工具

实体工具按钮如图 3.135 所示，也可以使用菜单命令调出。本节以一大一小两个长方体为例，介绍实体工具的操作方法。注意，实体工具是以"体"为单位，因而在 SketchUp 中，实体工具的操作对象一定要成组（群组或组件），具体操作如下：

图 3.135　实体工具

（1）两个长方体。使用"矩形"与"推/拉"命令，在场景中绘制出一大一小两个长方体，如图 3.136 所示。对这两个长方体分别创建群组，并在"管理目录"卷展栏中分别将它们重命名为"大长方体"和"小长方体"，如图 3.137 所示。

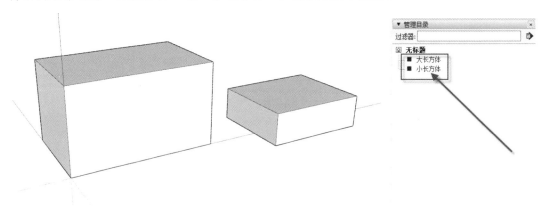

图 3.136　绘制两个长方体　　　　　　　　图 3.137　命名两个群组

（2）移动长方体。按 M 快捷键发出"移动"命令，将两个长方体移动至相互咬合的状态，如图 3.138 所示。在这里就使用这两个相互咬合的长方体介绍"外壳""相交""减去""剪辑""拆分"等实体工具的使用方法。

（3）外壳。外壳的功能是将所有选定的实体合并为一个实体并删除内部的图元。选择这两个长方体，选择"工具"|"外壳"命令，可以发现它们已变成了一个对象，如图 3.139 所示。选择"视图"|"表面类型"|"X 光透视模视"命令，此时这个对象内部原来的图元已经被删除了，如图 3.140 所示。

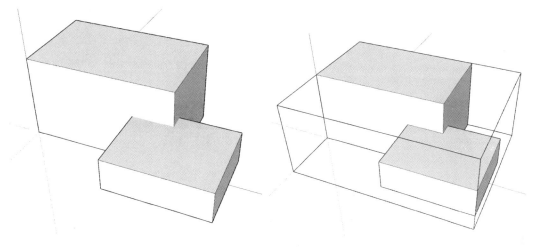

图 3.138　相互咬合状态　　　　　　　　　图 3.139　变为一个对象

（4）相交。相交的功能是使所选的全部实体相交并将其交点保留在模型内。选择这两个长方体，选择"工具"|"实体工具"|"相交"命令，可以看到场景中只剩下了原来两个对象相交的部分，如图 3.141 所示。

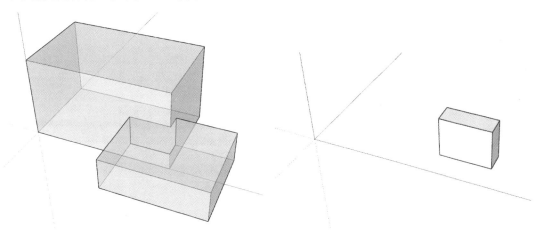

图 3.140　内部结构　　　　　　　　　　图 3.141　相交

（5）减去。减去的功能是从第二个实体上减去第一个实体并将结果保留在模型中。选择"工具"|"实体工具"|"减去"命令，先选择小长方体（相当于减法中的"减数"），如图 3.142 所示，再选择大长方体（相当于减法中的"被减数"），如图 3.143 所示，减去的结果如图 3.144 所示。

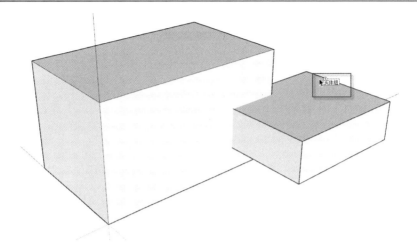

图 3.142　先选择小长方体

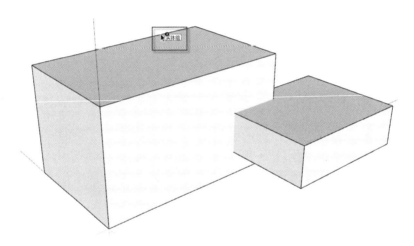

图 3.143　再选择大长方体

（6）剪辑。剪辑的功能是根据第二个实体剪辑第一个实体并将两者同时保留在模型中。选择"工具"|"实体工具"|"剪辑"命令，先选择小长方体，再选择大长方体，结果如图 3.145 所示。使用"移动"命令移动对象，可以观察到内部的变化情况，如图 3.146 所示，相当于作为"减数"的小长方体保持不变。

（7）拆分。拆分的功能是使所选的全部实体相交并将所有结果保留在模型中。选择两个长方体，选择"工具"|"实体工具"|"拆分"命令，发现结果与"剪辑"命令一样。使用"移动"工具将对象移动开，发现不仅原来的两个长方体相互做了减法运算，而且还保留了两者相交的部分，如图 3.147 所示。

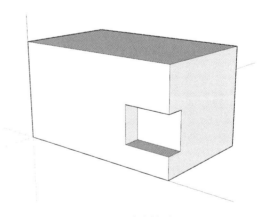

图 3.144　减去的结果

注意：“剪辑”“拆分”两个命令运算之后的结果看上去一样，但实际上有细微的区别，
要用“移动”命令将对象移开才可以看得到最终的区别。

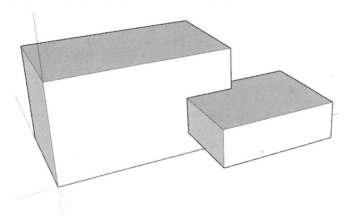

图 3.145　剪辑

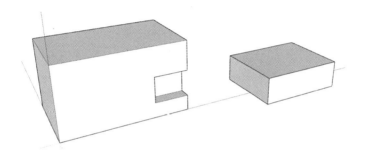

图 3.146　小长方体保持不变

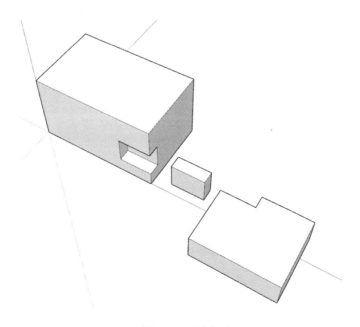

图 3.147　拆分

第 4 章　制 作 动 画

　　建筑设计方案需要完全表达设计者的意图。在方案竞标中，为了吸引评标专家与甲方，设计师们会使用平面图、立面图、剖面图、三维效果图等来展现设计方案。但这些静态图纸的表现力有限，而且没有足够的视觉感观上的冲击力，于是出现了一种新兴的建筑表现方式——三维动画。

　　3ds Max 是 CG（Computer Graphics，计算机动画）中的"先锋"，应用于各个行业，如建筑行业、影视行业、工业行业、游戏行业等，但其价格昂贵、操作复杂。而 SketchUp 具有制作建筑漫游动画的功能，这也使其成为动画软件行业中的新秀。

4.1　设 置 相 机

　　三维软件中设置的相机实际上是一种虚拟的"相机"，是指人的观测点，即通过相机的设置来模拟人的观测点、视角和视线目标。要注意相机高度应该为人眼距地面的高度，这样设置的相机形成的相机视图才能与真实的效果一致。

4.1.1　设置相机的位置与方向

　　设置相机的位置与方向有两种方法：一种是直接单击工具栏中的"定位相机"按钮 ⅏，另一种是选择"相机"|"定位相机"命令。设置相机位置的具体操作如下：

　　（1）单击工具栏中的"定位相机"按钮，屏幕光标变成站立人的形状，表明此时开始设置相机。屏幕右下角的数值输入框显示"高度偏移 1676mm"（绘图系统以十进制的 mm 为单位），如图 4.1 所示，表明此时相机高度（模拟人眼的高度）为 1.676m。这个高度为默认的经验值，一般情况下无须修改。

图 4.1　相机高度的设置

　　（2）在场景中需要设置相机的位置上单击，指定观测者站立的位置，如图 4.2 所示。

　　（3）此时系统会自动生成一个相机视图，这个相机视图是以系统默认的 1.676m 为相机高度，以指定的观测者位置为相机位置而形成的，如图 4.3 所示。

🔔注意：这样只通过指定相机位置生成的相机视图还没有进行调整，如视平线的高度、相
　　　 机目标点的位置等，调整的方法将在后面介绍。

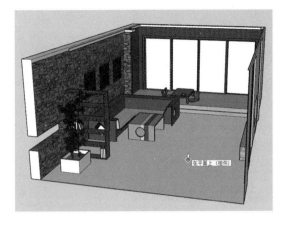

图 4.2　指定相机位置

图 4.3　自动生成相机视图

由于没有指定目标点，这个相机视图并不成功。真正设置相机时，位置与方向都要指
定。设置相机位置与方向的方法如下：

（1）单击工具栏中的"定位相机"按钮，此时屏幕光标变成站立人的形状。

（2）在场景中需要设置相机的位置上单击并按住鼠标左键不放，在屏幕上移动光标，
发现在相机位置点与光标点之间有一条虚线，这条虚线就是观测者的观测视线，如图 4.4
所示。

（3）在需要的位置再次单击，此时将自动生成相机视图，如图 4.5 所示。这个视图是
带有指定观测方向的相机视图。

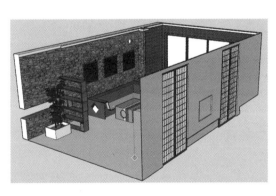

图 4.4　观测视线

图 4.5　带观测方向的相机视图

（4）观测此时屏幕右下角的数值输入框，"高度偏移"为 0mm。这是由于使用此种
视线定位相机的方法时，观测点是在地面上造成的。在数值输入框中输入"1600"（人眼
的高度）后按 Enter 键，生成如图 4.6 所示的相机视图。

🔔注意：设置相机是绘制效果图与制作建筑漫游动画的根本，在 SketchUp 中就是通过相
　　　 机的移动来制作漫游动画的。

图 4.6　设置相机高度后的相机视图

4.1.2　物理相机

　　物理相机是指在场景中可以直接观察到相机的机身对象，通过操作物理相机，可以使用移动、旋转等命令调整视图。

　　（1）打开文件。选择"文件"｜"打开"命令，打开配套下载资源中的"物理相机.SKP"文件，如图 4.7 所示。可以看到，这是一个室内场景，只不过观测点在室外而已。下面就需要通过物理相机将观测点移入室内，生成室内的三维透视图。

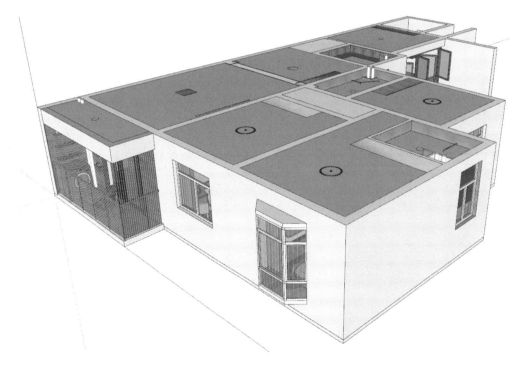

图 4.7　打开文件

（2）隐藏天花板。右击天花板对象，在右键菜单中选择"隐藏"命令，如图4.8所示。将天花板隐藏之后的效果如图4.9所示。

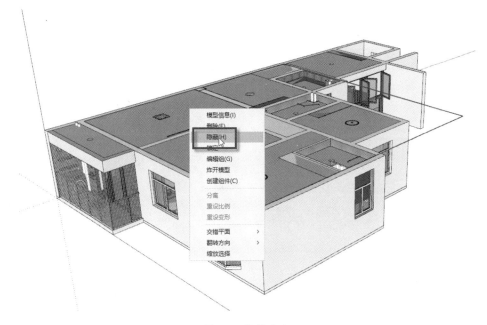

图4.8　隐藏命令

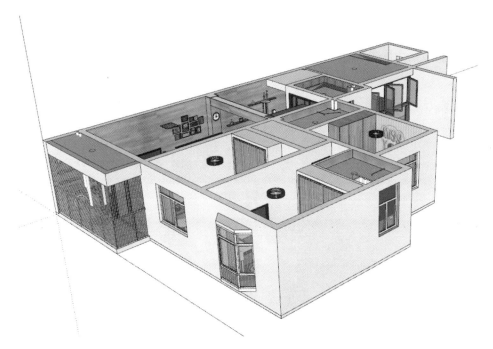

图4.9　隐藏天花板

（3）生成临时场景。进入"场景"卷展栏，单击"添加场景"按钮，会生成一个"场景号1"的场景，在"名称"栏中输入"临时"，如图4.10所示。可以看到，场景名称被重命名为"临时"，如图4.11所示。

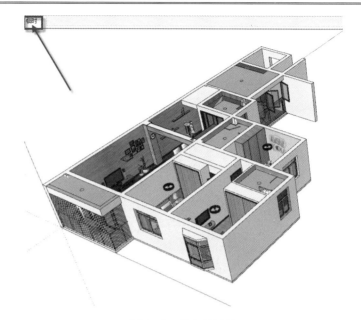

图 4.10　生成场景　　　　　　　　　　　　　　　图 4.11　重命名场景

　　（4）创建"客厅看餐厅"相机。旋转视图至从客厅观察餐厅方向，选择"工具"｜"高级镜头工具"｜"创建相机"命令，弹出"相机名称"对话框，在"名称"栏中输入"客厅看餐厅"字样，单击"确定"按钮，如图 4.12 所示。可以在屏幕左下角看到相机的参数信息，右击对象，在右键菜单中选择"修改相机"命令，弹出"相机属性"对话框，在"高度"栏中输入 2000 字样，在"倾斜"栏中输入 0 字样，单击"确定"按钮，如图 4.13 所示。完成后的效果如图 4.14 所示，发现相机的机身在室外，还需要进一步调整。

图 4.12　创建相机

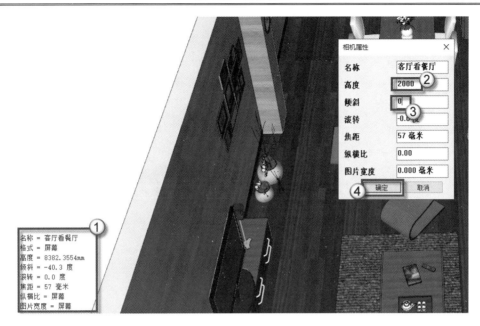

图 4.13　相机属性

图 4.14　机身在室外

（5）调整机身位置。进入"临时"场景，选择"客厅看餐厅"相机，按 M 快捷键发出"移动"命令，将相机移到室内，如图 4.15 所示。

（6）调整焦距。进入"客厅看餐厅"场景，右击对象，在右键菜单中选择"修改相机"命令，弹出"相机属性"对话框，在"焦距"栏中输入 35 字样，单击"确定"按钮，如图 4.16 所示。完成后可以看到"客厅看餐厅"的完整效果图，如图 4.17 所示。

🔔注意：焦距为 50mm 的镜头相当于人眼的视觉范围，被称为"标准镜头"（也叫"标头"）。焦距小于 50mm 的镜头，常见的如 35mm、28mm，因为其大于人眼的视觉范围，故被称为"广角镜头"，室内设计应使用广角镜头。

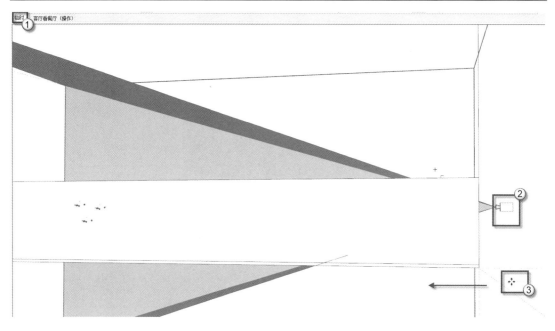

图 4.15　调整机身位置

图 4.16　调整焦距

　　(7)创建"餐厅看客厅"相机。旋转视图至从餐厅观察客厅方向,选择"工具"|"高级镜头工具"|"创建相机"命令,弹出"相机名称"对话框,在"名称"栏中输入"餐厅看客厅"字样,单击"确定"按钮,如图 4.18 所示。可以在屏幕左下角看到相机的

参数信息，右击对象，在右键菜单中选择"修改相机"命令，弹出"相机属性"对话框，在"高度"栏中输入 2000 字样，在"倾斜"栏中输入 0 字样，单击"确定"按钮，如图 4.19 所示。完成后的效果如图 4.20 所示，发现相机的机身在墙外，还需要进一步调整。

图 4.17　"客厅看餐厅"效果

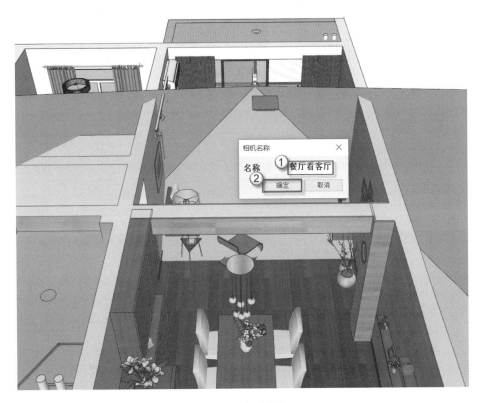

图 4.18　创建相机

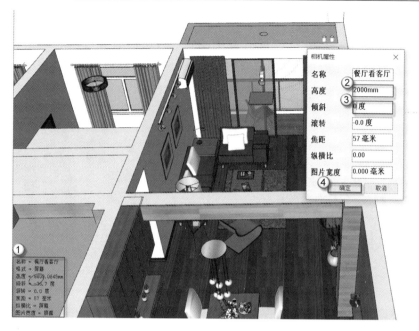

图 4.19 相机属性

图 4.20 机身在墙外

（8）调整机身位置。在"风格"卷展栏中单击"线框显示"按钮，调整视图至线框模式，如图 4.21 所示。进入"临时"场景，选择"餐厅看客厅"相机，按 M 快捷键发出"移动"命令，将相机移动到墙内，如图 4.22 所示。

（9）调整焦距。进入"餐厅看客厅"场景，右击对象，在右键菜单中选择"修改相机"命令，弹出"相机属性"对话框，在"焦距"栏中输入 35 字样，单击"确定"按钮，如图 4.23 所示。完成后可以看到"餐厅看客厅"的完整效果图，如图 4.24 所示。

图 4.21 调整视图至线框模式

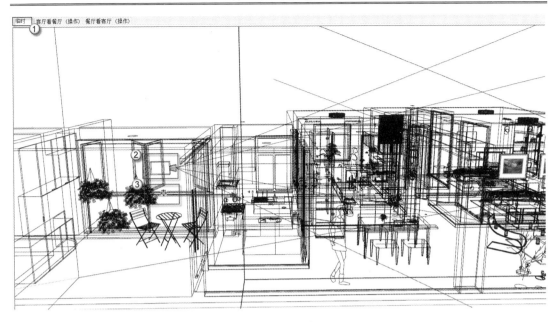

图 4.22 调整机身位置

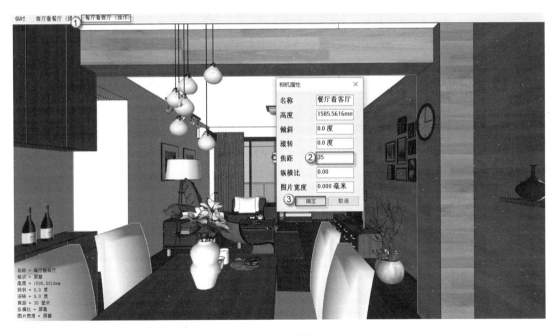

图 4.23 调整焦距

(10)创建主卧室相机。旋转视图至主卧室方向,选择"工具"|"高级镜头工具"|"创建相机"命令,弹出"相机名称"对话框,在"名称"栏中输入"主卧室"字样,单击"确定"按钮,如图 4.25 所示。可以在屏幕左下角看到相机的参数信息,右击对象,在右键菜单中选择"修改相机"命令,弹出"相机属性"对话框,在"高度"栏中输入 2000mm字样,"倾斜"栏中输入 0 度字样,单击"确定"按钮,如图 4.26 所示。完成后的效果如图 4.27 所示,发现相机的视线被阻碍,需要进一步调整。

图 4.24　"餐厅看客厅"效果

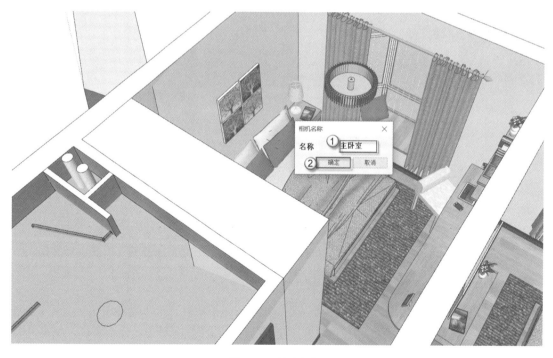

图 4.25　创建相机

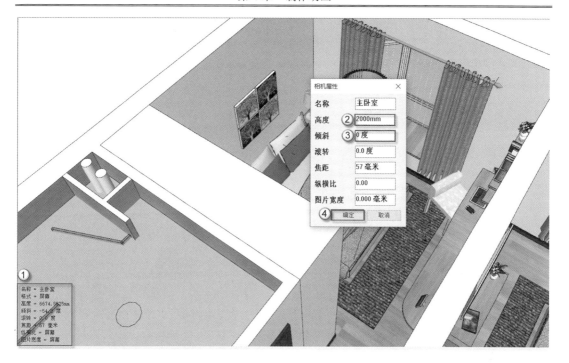

图 4.26　相机属性

图 4.27　视线被阻

（11）调整机身位置。进入"临时"场景，选择"主卧室"相机，按 M 快捷键发出"移动"命令,将相机移动到不被遮挡的位置,如图 4.28 所示。

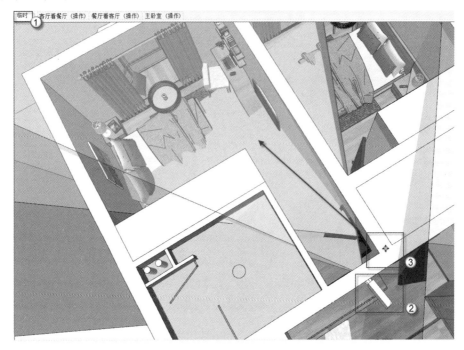

图 4.28　调整机身位置

(12)调整焦距。进入"主卧室"场景,右击对象,在右键菜单中选择"修改相机"命令,弹出"相机属性"对话框,在"焦距"栏中输入 35 字样,单击"确定"按钮,如图 4.29 所示。完成后可以看到主卧室的完整效果图,如图 4.30 所示。

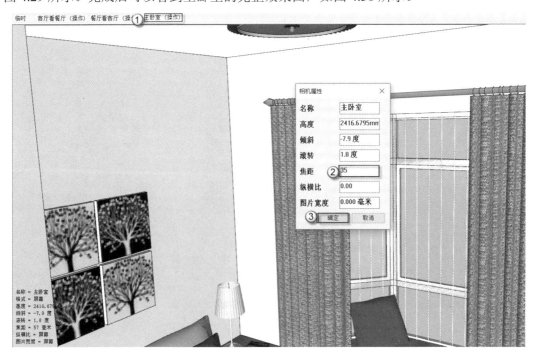

图 4.29　调整焦距

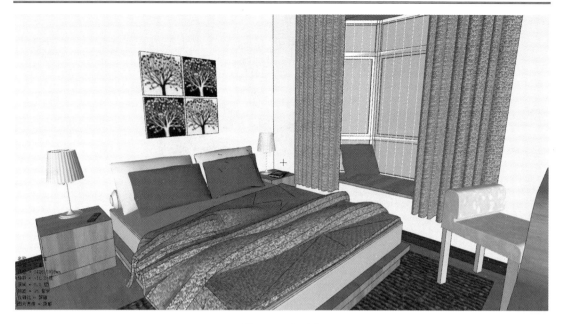

图 4.30　主卧室

4.2　漫　　游

SketchUp 中的漫游功能就是制作建筑动画,在绘制效果图中是没有意义的。漫游就是模型随着观测者移动,相机视图相应产生连续的变化而形成的建筑漫游动画。漫游的命令很简单,并且制作出的动画符合人们的观测方式,动画效果很逼真。

4.2.1　快速移动

快速移动是"漫游"命令的两种表现方式之一,是在视高一定的情况下,在屏幕上指定观测者的移动方向。发出"漫游"命令有两种方式:一种是直接单击工具栏中的"漫游"按钮 ,另一种是选择"相机"|"漫游"命令。在如图 4.31 所示场景中,快速移动的具体操作如下:

(1)单击工具栏中的"漫游"按钮,可以看到此时屏幕上的光标变成两个脚印的形状,表明此时正在进行漫游操作。

(2)在屏幕右下角的数值输入框中输入"视点高度"的值,一般情况下可输入"1676",然后按 Enter 键,表示视线高度为 1676mm。

(3)在屏幕中视线正视的位置上单击并按住鼠标左键不放,移动鼠标,可以看到单击处出现一个十字标记,这个十字标记是视线的目标点的位置。向上移动光标是观测点前进,向下移动光标是观测点后退,左右移动光标是视线向左右转动,如图 4.32 所示。

(4)如果感觉到前进或后退的速度很慢,可以按住 Ctrl 键不放再移动光标,这时移动的速度就明显快多了。

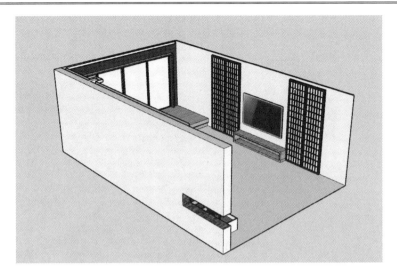

图 4.31　漫游的场景

🔔注意：在单个页面（非动画）的状态下使用"漫游"命令是没有任何意义的，"漫游"
命令的动画功能后面会重点介绍。

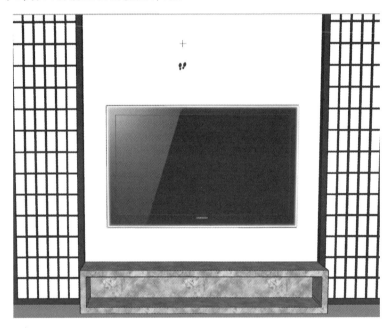

图 4.32　快速移动

4.2.2　垂直或横向移动

垂直或横向移动是"漫游"命令的两种表现方式之一，用于移动视高或平行移动视点。
具体的操作方法如下：

（1）单击工具栏中的"漫游"按钮，可以看到此时屏幕上的光标变成两个脚印的形状，表明是在进行漫游操作。

（2）按住 Shift 键不放再移动光标。此时光标向上移动视高增加，向下移动视高减少，横向的左右移动是视点的平行移动。

注意：视点平行移动与视点转动是有区别的。视点转动是观测者位置不变，视点以观测者为轴心进行旋转；视点平行移动指观测者位置的平行移动。二者的区别如图 4.33 所示。

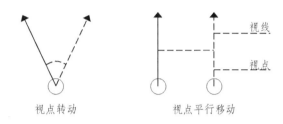

图 4.33　视点转动与视点平行移动的区别

注意：快速移动与垂直或横向移动都是漫游功能的一部分。快速移动用于进入建筑物、在室内移动、在建筑间穿梭等，而垂直或横向移动是在快速移动的基础上对观测者视点的一些微调。SketchUp 就是通过这个看似简单的"漫游"命令制作出各种建筑漫游动画的。

4.3　创 建 动 画

动画是基于人的视觉原理创建运动图像，在一定时间内连续、快速观看一系列相关联的静止画面时会感觉为连续动作，每个单幅画面被称为帧。使用三锥动画软件制作动画时，只需要创建记录每个动画序列的起始、结束等关键帧，软件就会自动计算生成连续的动画文件。

在 SketchUp 中，每一个关键帧被称作一个"场景号"，通过连续播放页面自动形成动画。系统默认使用一个场景号，这时是绘制静态图形。如果要创建动画，必须制作多个场景号。

4.3.1　新建场景号

一个 SketchUp 文件可以拥有一个或多个场景号，在默认情况下是单场景号。创建新场景号的具体操作方法如下：

（1）选择"视图"|"动画"|"添加场景"命令，此时在屏幕操作区左上角会显示"场景号 1"，如图 4.34 所示。

（2）创建第二个页面时有两种方法：一种是继续选择"视图"|"动画"|"添加场景"命令，另一种是直接右击"场景号 1"，在弹出的右键菜单中选择"添加"命令，在场景中新增一个场景号，如图 4.35 所示。

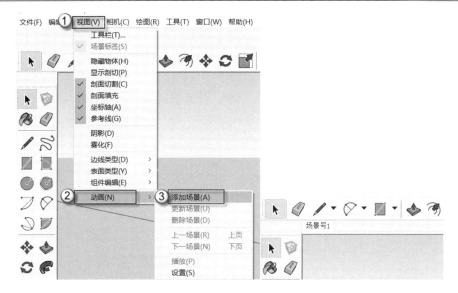

图 4.34　场景号 1

（3）使用同样的方法可以建立需要的多个场景号，如图 4.36 所示。

图 4.35　添加场景号　　　　　　　　　图 4.36　多个场景号

🔔注意：场景号设置的数目是根据自身的需要来设置。一个关键帧就是一个场景号。随着
　　　　场景号的增多，动画会更加平滑流畅，但计算生成时间会更多。

　　（4）对于不需要的场景号可以删除。删除的方法有两种：一种是选中要删除的场景号
后，选择"视图"|"动画"|"删除场景"命令；另一种是右击需要删除的场景号，在右键
菜单中选择"删除"命令。

🔔注意：SketchUp 制作动画的原理是按顺序依次播放场景中的场景号，因此对场景号内容
　　　　的选择是制作动画的关键。

4.3.2　场景号的设置与修改

　　制作建筑动画实际上也是方案制作的过程之一，需要不断地对相应设置进行修改调整。
主要会对这些设置进行调整：场景号名称、场景号顺序、播放速度、场景号更新。
　　（1）场景号名称的调整。更改场景号名称实际上是为了方便管理动画，对每一个关键

帧有文字方面的描述。如图 4.37 所示为一个建筑动画的关键帧的名称。更改场景号名称的方法是右击需要更改名称的场景号，在右键菜单中选择"场景…"命令，打开"默认面板"，在"场景"卷展栏的"名称"文本框中输入新的场景号名称，如图 4.38 所示。

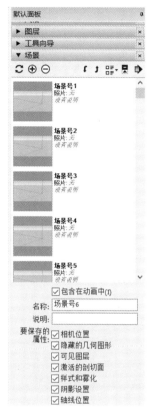

图 4.37　场景号的名称　　　　　　　　　图 4.38　更改场景号的名称

（2）调整场景号顺序。SketchUp 是按顺序依次播放场景号来完成动画的。当场景号顺序有误时，可以右击需要调整顺序的场景号，在弹出的右键菜单中选择"左移"或"右移"命令，将此场景号向左或向右移动以更改顺序，如图 4.39 所示。

（3）调整播放速度。选择"视图"|"动画"|"设置"命令，弹出"模型信息"对话框，如图 4.40 所示。其中包括"场景转换"和"场景暂停"两个选项。

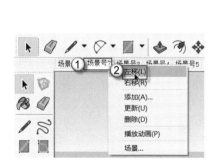

图 4.39　更改场景号顺序　　　　　　　　图 4.40　更改播放速度

□ "场景转换"是指播放每一帧动画所使用的时间,取值范围是 0~100s。这个值越小,播放动画的速度就越快。

□ "场景暂停"是指场景号之间停顿的时间,即播放完当前场景号的动画后要停顿一段时间再继续播放下一个场景号的动画,这个值的取值范围是 0~100s。

📢注意: "场景转换"的数值应按照具体的场景动画内容需要来调整,而"场景暂停"的数值不宜过大,否则动画会出现明显的停顿感。

(4)更新场景号。当某一个场景号的动画信息更改之后,需要对此场景号进行更新。操作方法是右击此场景号,在右键菜单中选择"更新"命令。

4.3.3　导出动画

SketchUp 的标准文件是 SKP 文件,通过这个文件可以播放动画。但是这样的播放方式有两个缺陷:一个是必须在安装 SketchUp 软件的计算机上才能播放,另一个是无法对动画文件进行增加演示文字、背景音乐的修改。因此,在 SketchUp 中完成动画制作后,必须将动画导出。最常用的动画文件格式就是 AVI。具体导出动画的操作方法如下:

(1)在导出动画之前首先应该观看一下动画效果,以决定是否还要进行调整与修改。观看动画演示的方法有两种:一种是选择"视图"|"动画"|"播放"命令,另一种是直接右击"场景号 1",在弹出的右键菜单中选择"播放动画"命令。这时屏幕中会弹出"动画"对话框并自动播放动画。单击对话框中的"暂停"按钮可以暂停动画的播放,单击"停止"按钮可以停止动画的播放,如图 4.41 所示。

图 4.41　"动画"对话框

(2)在确认动画文件无误后可以导出。选择"文件"|"导出"|"动画"|"视频"|"图像集"命令,弹出如图 4.42 所示的"输出动画"对话框。

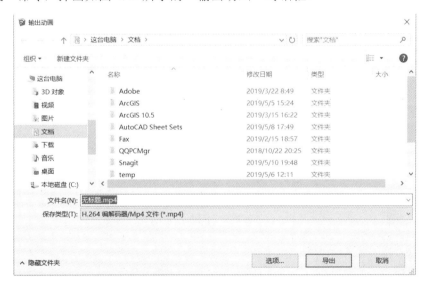

图 4.42　"输出动画"对话框

注意：如果只有一个场景号是无法导出动画的，也无法弹出"输出动画"对话框。

（3）单击"选项"按钮，弹出"动画导出选项"对话框，如图 4.43 所示。这个对话框中有很多项需要设置。

- 分辨率：用于设置导出动画的视频精细程度。各种类别的分辨率可以参看表 4.1。帧速率为：PAL 制式 25 帧/秒（国内制式标准），NTSC 制式 30 帧/秒（美、日制式标准）。读者可以参阅有关的说明，根据自身的需要设置动画的分辨率。

表 4.1　视频文件分辨率

类　　型		分　辨　率	
		PAL	NTSC
VCD		352×288	352×240
DVD		720×576	720×480
高清	720p	1280×720	
	1080p	1920×1080	
4K		3840×2160	

注意：分辨率越大，图像越清晰，但是动画文件也会随之增大。分辨率如果选择自定义，则可以修改默认的图像长宽比和帧尺寸。

- 图像长宽比：用于设置动画图像长度与宽度的比值，有两个值：4:3 与 16:9 在默认情况下是 16:9。16:9 是现代新式宽屏的视频播放标准，更符合人们的视觉感受。
- 帧尺寸：每一帧动画的大小尺寸。这个数值越大，动画越清楚，动画文件也越大。设置好之后可以进行预览，如图 4.44 所示。

图 4.43　"动画导出选项"对话框

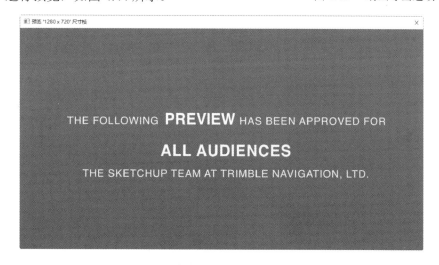

图 4.44　预览尺寸帧

- □ 帧速率：导出的动画图像每秒钟含有多少个帧。这个数值越大，动画越平滑，动画连贯性越好，动画文件也越大。
- □ "循环至开始场景"是指导出的动画播放完之后又从开始的场景循环播放。
- □ 抗锯齿渲染：使导出的动画图像更加光滑。选中该复选框可以减少图像的锯齿边、虚化图像不正确的像素点，一般情况下都需要选中该复选框。

图 4.45　输出动画

（4）设置完成后，在"输出动画"对话框中选择导出文件的路径，输入需要的文件名单击"导出"按钮，开始输出动画，如图 4.45 所示。

🔔注意：导出的 AVI 格式的动画视频文件可以使用视频编辑软件如 Adobe Premiere、After Effect 等增加解说文字、背景音乐及其他素材，让动画更加生动。也可以直接刻录成 VCD、DVD 和蓝光光盘，在 VCD 机、DVD 和蓝光播放机上进行播放。

4.4　动　画　实　例

在 SketchUp 中能制作动画的命令并不多，制作动画的方法主要有 3 种：漫游动画和阴影动画、图层动画。本节就用 3 个动画实例来分别说明漫游动画、阴影动画和图层动画的制作方法。

4.4.1　漫游动画

SketchUp 中的漫游功能适合制作建筑动画，在做设计时也可以用其模拟漫游真实空间的感觉，具体操作如下：

（1）单击"漫游"按钮，光标转变为人形，将光标放在图中示意位置，制作一个从入口到内院的漫游动画，如图 4.46 所示。

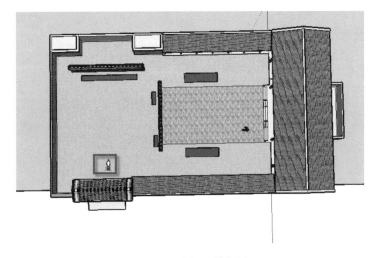

图 4.46　选择开始位置

（2）选择"窗口"|"现场"选项，打开"现场"面板，在其中创建一个新的页面并更新这个页面，记录场景信息，如图 4.47 所示。

（3）单击"步行"按钮，将光标放在图中示意位置，按下左键向右上方拖曳光标，场景相机向右上方移动，好像人在院子里漫步一样，如图 4.48 所示。移动一段距离之后，就要制作一个新的页面，记录场景信息。

（4）继续上一步的操作，制作新的页面并更新之后，继续移动光标，将场景定格到如图 4.49 所示的页面。因为这个漫游涉及转弯，所以需要多设置几个页面，这样就使得过渡效果更平滑。

图 4.47 制作页面 1

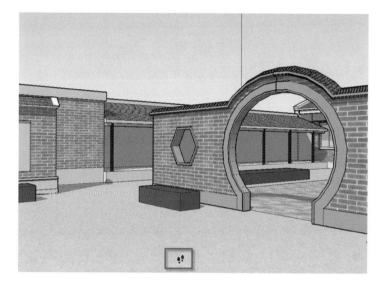

图 4.48 制作页面 2

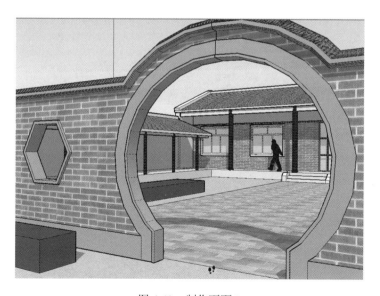

图 4.49 制作页面 3

（5）继续上一步的操作，制作新的页面并更新页面，然后继续移动光标，将场景定格到如图 4.50 所示的页面。通过这个转弯的漫游动画，读者可以制作直行的漫游动画。

图 4.50　制作页面 4

在漫游动画中，保证场景的完整、细致是很重要的，否则制作的动画画面会显得很空。转弯的漫游动画并不难控制，读者应勤加练习。

4.4.2　阴影动画

阴影动画与图层动画因为比较简单，在此仅简要介绍。阴影动画主要是记录一天中太阳的阴影变化情况。图层动画因为生成的文件比较大并且动画过渡不平滑，所以主要用于进行简单的展示。下面介绍阴影动画的操作方法。

阴影动画是在相机不动的情况下，通过"阴影"工具栏调节时间和日期。例如选择任意日期，将时间设定在早上 7 点左右，经纬度定位在一个目的区域，增加一个页面并更新该页面，记录阴影信息，如图 4.51 所示。

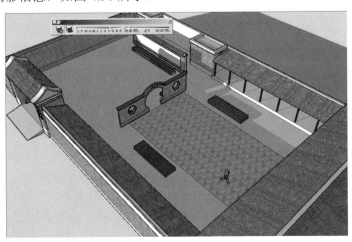

图 4.51　设定时间

在相机位置不变的情况下，调节时间到下午 7 点左右，可以看到阴影的明显变化，如图 4.52 所示。制作一个新的页面并更新页面。那么这两个页面就记录了一天的太阳阴影的变化情况。通过调节两个页面之间持续的时间，可以延长或缩短动画的时间，如图 4.53 所示。

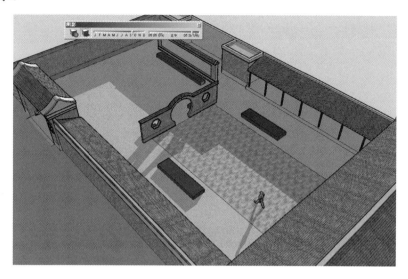

图 4.52　制作页面

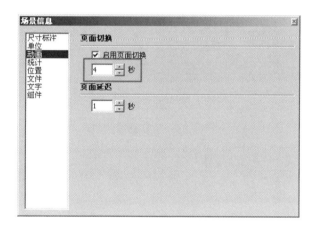

图 4.53　页面切换时间

4.4.3　图层动画

图层动画很好理解，就是在每个页面上设置图层的可见性，然后通过页面切换，形成闪烁的动画。但是它不仅局限于这个功能，主要看如何运用。例如，在漫游动画中，隐藏漫游动画中不必要的模型，这样可以减小文件，加快显示速度。

下面同样使用"农村小院"这个场景文件，以人物模型为例制作 3 个页面来说明图层动画的制作方法。调出"层"面板、"实体信息"面板和"现场"（页面管理）面板，如图 4.54 所示。

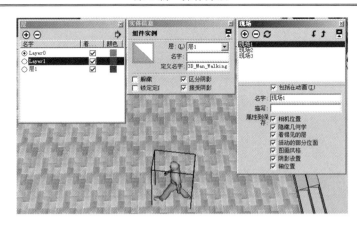

图 4.54　图层动画 1

选择"现场 1"，单击"更新"按钮更新"现场 1"。然后新建立一个图层，将人物模型归属在新建的图层"层 1"下。选中"现场 2"，在"层"面板中取消"层 1"后可见复选框的选择，更新"现场 2"，如图 4.55 所示。

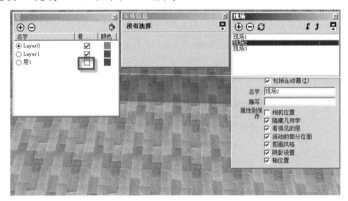

图 4.55　图层动画 2

选中"现场 3"，在"层"面板中勾选"层 1"后的可见复选框，更新"现场 3"，如图 4.56 所示。选择"查看"|"动画"|"播放"命令，在屏幕上就可以看到人物模型的闪烁动画了。

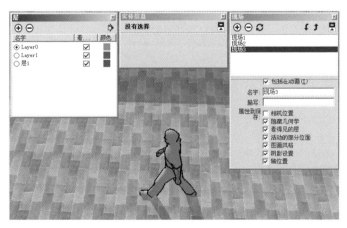

图 4.56　图层动画 3

第 5 章　插　　件

一般来说插件是用于特定作用而额外增加的小程序。SketchUp 的插件由 Ruby 语言编写。Ruby 语言是由日本的 Matsumoto Yukihiro 在 1993 年发明的，在近几年被越来越多的人所关注。运用插件前必须对 Ruby 语言有所了解。Ruby 是一种简便、快捷的面向对象编程的解释性脚本语言。其特点是：

- ❑ 有直接呼叫系统调用的能力。
- ❑ 强大的字符操作和正则表达式，开发中可以快速回馈。
- ❑ 迅速和简便，无须变量声明，变量无类型。
- ❑ 语法简单而稳定，自动内存管理。
- ❑ 面向对象编程，具备对象类、继承和方法等特点。
- ❑ 多精度整数和动态装载线程等。

5.1　SUAPP 插件

SUAPP 是 SketchUp 平台上应用最广泛、最适合中国用户的扩展插件云端平台。其涵盖了海量中文插件，全面兼容 SketchUp 的各个版本，有一键安装、自由定制、云端同步、组件共享等优势。

5.1.1　SUAPP 的安装

很多绘图软件，如 Revit、3ds Max、Photoshop 都可以添加插件，这些插件是在软件的发展过程中逐渐被开发出来的，熟练地使用这些插件可以提高使用者的绘图建模效率，帮助使用者省略许多重复和机械性的劳动。SketchUp 中也可以添加类似的插件，可以极大地方便建模者进行基础构建，如墙体、楼梯、杆件的建造，只要输入基础参数，就可以自动生成，并且是以组件的形式，因此在选择和关联修改方面都十分便捷。

SUAPP 的安装很简单，下载之后直接双击安装。

（1）运行 SUAPP 安装文件，即 SketchUp 的插件安装文件。在 SketchUp 没有安装插件之前默认的工具栏只有一排。

（2）安装 SUAPP 文件。双击安装文件后出现如图 5.1 所示的窗口，然后单击"安装"按钮。

图 5.1　安装 SUAPP 文件

（3）选择安装版本。安装完成会自动打开 SUAPP 初始化配置界面，在"选择 SketchUp 平台"列表中选中你需要的 SketchUp 版本，此处需要 2018 版本的软件，所以选择的是 "SketchUp Pro 2018 – 版本 18.0.1697 64 位"选项，如图 5.2 所示。

图 5.2　选择安装版本

（4）启动 SUAPP。选择 SUAPP Pro 2018 之后，单击"启动 SUAPP"按钮，如图 5.3 所示，完成安装。

图 5.3　启动 SUAPP

（5）检查安装。重新打开的 SketchUp 将出现一排新的菜单，即插件栏，如图 5.4 所示，插件栏中的插件为 SketchUp 的模型制作提供了便捷。另外，菜单栏中也有插件命令，如图 5.5 所示。

图 5.4　SketchUp 新增的插件工具栏　　　　图 5.5　SketchUp 新增的插件菜单栏

5.1.2　SUAPP 工具简介

有了 SUAPP 插件之后，绘图更快捷了。本节将介绍 SUAPP 插件的几个基本功能，具体操作如下：

（1）绘制墙体工具。绘制墙体工具可以快速绘制墙体。打开 SketchUp 软件，选择"绘制墙体"工具，如图 5.6 所示。在空白处单击第一点，输入长度距离为 3000mm，如图 5.7 所示，按 Enter 键确认，之后便绘制出一个宽度为 240mm 的立体墙体，如图 5.8 所示。

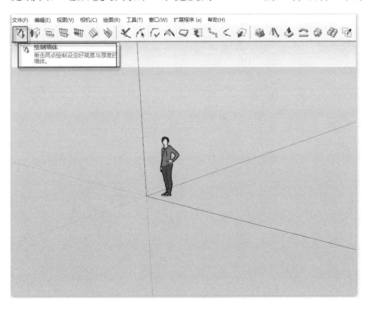

图 5.6　选择"绘制墙体"工具

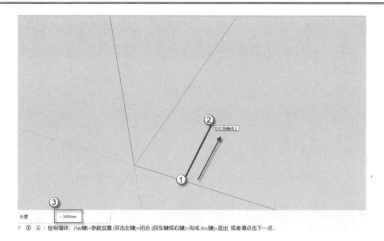

图 5.7 输入墙体长度

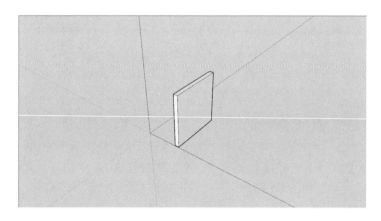

图 5.8 绘制墙体

（2）绘制玻璃幕墙。玻璃幕墙绘制工具可以快速绘制玻璃幕墙。打开 SketchUp 软件，在空白处绘制一个矩形，如图 5.9 所示。选中这个矩形再单击"玻璃幕墙"按钮，如图 5.10 所示，弹出"参数设置"对话框，如图 5.11 所示。绘制一个 5 行、5 列的玻璃幕墙，设置好参数后单击"确定"按钮，完成玻璃幕墙的绘制，如图 5.12 所示。

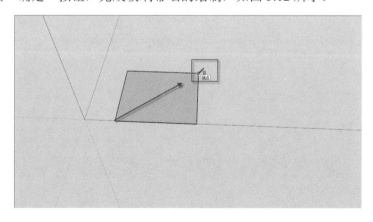

图 5.9 绘制矩形

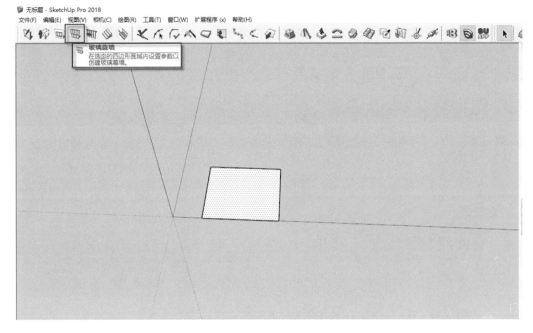

图 5.10　选择"玻璃幕墙"工具

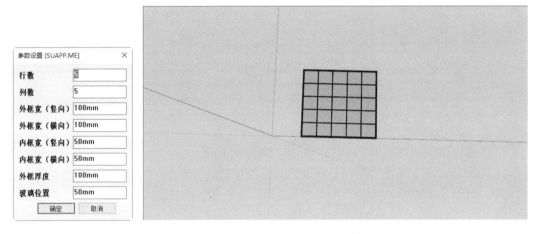

图 5.11　输入参数　　　　　　　　　　　图 5.12　绘制完成

5.2　沙　箱　工　具

　　沙箱工具是一个用 Ruby 语言开发的插件，该插件是 SketchUp 自带的。沙箱工具的主要功能是制作室外的三维地形，常用于城市设计、景观设计和建筑设计等。

　　沙箱工具在 SketchUp 默认的情况下并没有加载。要使用此工具，必须手工加载。选择"视图"|"工具栏"命令，在弹出的"工具栏"对话框中勾选"沙箱"复选框，单击"关闭"按钮，如图 5.13 所示。

　　可以看到，沙箱工具条由 7 个按钮组成，从左到右依次是根据等高线创建、根据网格创建、曲面起伏、曲面平整、曲面投射、添加细部和对调角线，如图 5.14 所示。前两个是绘制命令，后 5 个是在使用前两个命令绘制出的图形的基础上进行的修改、编辑命令。

图 5.13 "工具栏"对话框

图 5.14 沙箱工具栏

5.2.1 根据等高线创建

"根据等高线创建"命令的作用是封闭相邻的等高线以形成三角面。等高线可以是直线、圆弧、圆和曲线等。该命令会自动封闭闭合或不闭合的线形成面，从而形成有高差的地形坡地。发出此命令的方式是：单击工具栏中的"根据等高线创建"按钮 。具体操作方法如下：

（1）启动 SketchUp，保证当前界面中的沙箱工具已被加载。

（2）全部选中需要生成沙箱的等高线，如图 5.15 所示。

（3）单击工具栏中的"根据等高线创建"按钮，发出命令。经过系统运算后会自动生成沙箱，如图 5.16 所示。

注意：作为等高线的线型物体必须是空间曲线，也就是每条曲线之间有高差。如果所有的曲线在一个平面中是无法生成地形的。获得等高线有两种方法：一种是导入 AutoCAD 的地形文件，另一种是直接在 SketchUp 中绘制。

（4）生成的沙箱是一个群组。隐藏此群组，删除已经不需要的等高线，再次显示群组，可以观察到一个完整的沙箱物体，如图 5.17 所示。

图 5.15 选择等高线

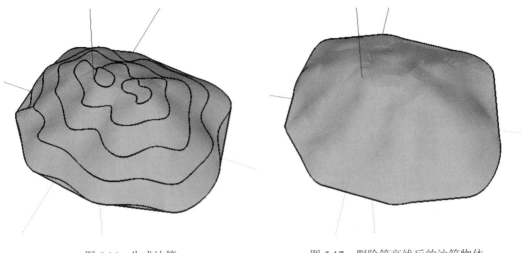

图 5.16　生成沙箱　　　　　　　　图 5.17　删除等高线后的沙箱物体

5.2.2　根据网格创建

使用"根据网格创建"命令可以绘制如图 5.18 所示的平面栅格网。这样的平面栅格网并不是最终的成果，设计者可以继续使用沙箱工具的其他工具生成所需要的沙箱。发出此命令的方式是：单击工具栏中的"根据网格创建"按钮 。具体操作方法如下：

（1）启动 SketchUp，保证当前界面中的沙箱工具已被加载。

（2）单击工具栏中的"根据网格创建"按钮，发出命令。

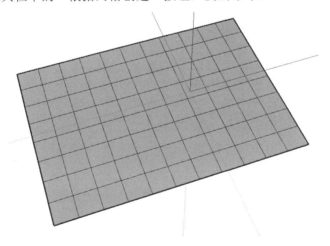

图 5.18　生成的栅格网

（3）在屏幕右下角的"栅格间距"中输入相应的值，如图 5.19 所示。

注意：在使用沙箱工具时，屏幕右下角的数值输
　　　入框会根据命令的不同而变化成相应的名
　　　称，如"栅格间距""半径""偏移"等。

| 栅格间距 | 500mm |

图 5.19　栅格间距

（4）单击栅格网起始点处，然后移动光标到栅格网的一条边终止点处再次单击，如

图 5.20 所示。这一条边的长度也可以在屏幕右下角的"长度"栏中输入相应的长度值来完成。

（5）继续移动光标到栅格网的另一条边终止点处单击，如图 5.21 所示。这一条边的长度也可以在屏幕右下角的"长度"栏中输入相应的长度值来完成。

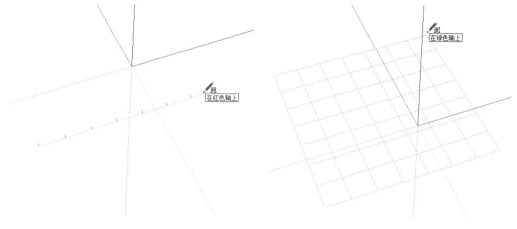

图 5.20　栅格网的一条边　　　　　　　图 5.21　栅格网的另一条边

这样就完成了栅格网的绘制，可以看到，绘制后的栅格网是一个群组。

⚠注意：栅格网要使用 3 个参数来定位，分别是栅格网间距和长宽两条边的长度。在绘制栅格网之前应该先对这个几何图形进行计算，得到参数后再开始作图。

5.2.3　曲面起伏

"曲面起伏"命令用于修改沙箱物体蓝轴（Z 轴）向上的起伏程度。这个命令不能对群组进行直接操作，因此首先要进入群组编辑状态。发出此命令的方式是：单击工具栏中的"曲面起伏"按钮 ▨ 。具体操作方法如下：

（1）双击需要编辑的沙箱物体，使之进入群组编辑状态，如图 5.22 所示。

（2）单击工具栏中的"曲面起伏"按钮发出命令，在屏幕右下角的"半径"栏中输入半径的数值，这个值是指拉伸点影响的辐射范围，即是图 5.23 中圆的半径。

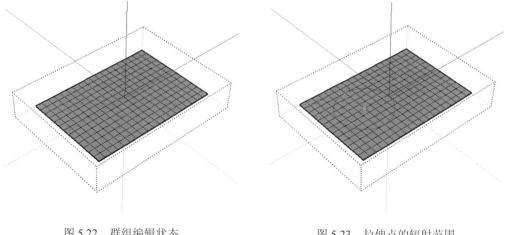

图 5.22　群组编辑状态　　　　　　　图 5.23　拉伸点的辐射范围

（3）单击需要向上拉伸的中心点处，然后向上移动光标，如图 5.24 所示。

（4）再单击需要的高度完成操作，退出群组编辑状态，如图 5.25 所示。指定拉伸的高度时，也可以在屏幕右下角的"数值输入框"中输入高度值。

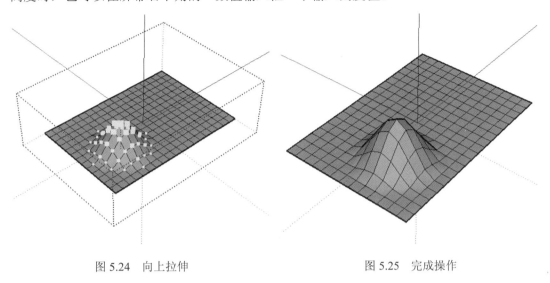

图 5.24　向上拉伸　　　　　　　　　　　　　　图 5.25　完成操作

在选择拉伸中心位置时有 3 种方法：点中心、边线中心和对角线中心。下面依次介绍这 3 种拉伸中心的区别。

❑　点中心拉伸。点中心拉伸的地形可以形成一个尖坡顶，如图 5.26 所示。

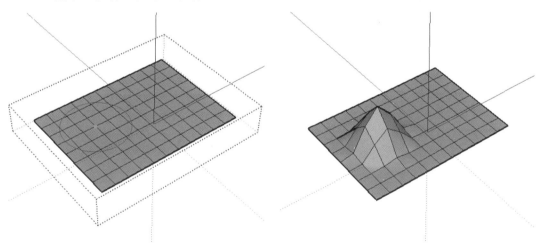

图 5.26　点中心拉伸

❑　边线中心拉伸。边线中心拉伸可以形成一个山脊，如图 5.27 所示。

❑　对角线拉伸。对角线拉伸也可以形成一个山脊，如图 5.28 所示。

🔔注意：要制作出希望的沙箱，往往使用一次"曲面起伏"命令是不够的，如图 5.29 所示的沙箱一共使用了 5 次"曲面起伏"命令。

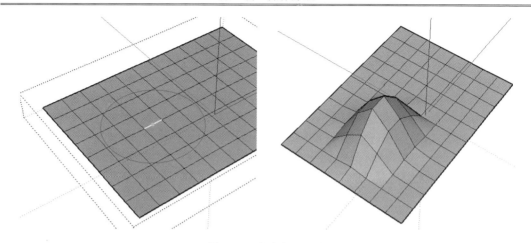

图 5.27 边线中心拉伸

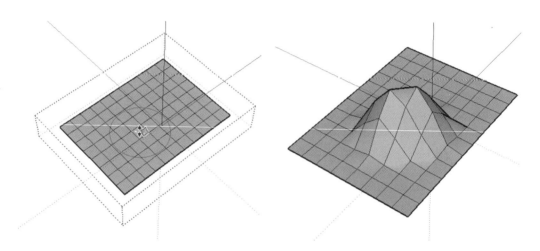

图 5.28 对角线拉伸

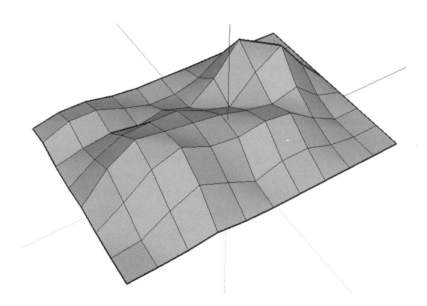

图 5.29 使用 5 次"曲面起伏"命令生成的地形

5.2.4　曲面平整

"曲面平整"命令是以建筑物底面为基准面，对地形物体进行平整。发出此命令的方式是：单击工具栏中的"曲面平整" ✍ 按钮。具体操作方法如下：

（1）在视图中将建筑物与地形放置在正确的位置上，如图 5.30 所示。

（2）选择建筑物，然后单击工具栏中的"曲面平整"按钮发出命令，可以看到建筑物底面多了一个红色的矩形框，并且此时屏幕右下角"偏移"栏的值是"1000mm"，如图 5.31 所示。

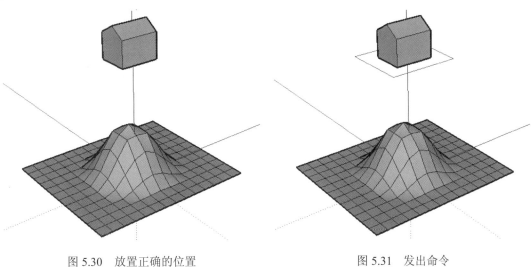

图 5.30　放置正确的位置　　　　　　　　　图 5.31　发出命令

🔔注意：　"偏移"值就是指建筑物底部红色矩形框的相对大小，默认情况下是 1000mm，如图 5.32 所示的"偏移"值是 2000mm。

（3）移动光标到地形物体处，此时光标变成一个建筑物的形状并且沙箱物体处于选择的激活状态，如图 5.33 所示。

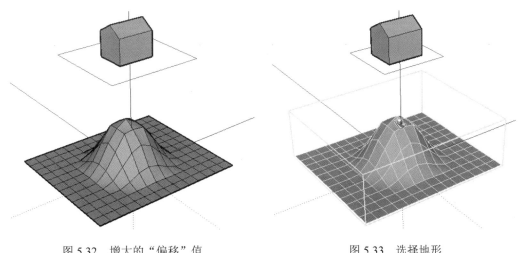

图 5.32　增大的"偏移"值　　　　　　　　　图 5.33　选择地形

（4）在沙箱表面处单击，会自动出现一个平台，光标也变成了上下箭头形状，上下移动光标，可以调整沙箱的高度，如图 5.34 所示。

（5）沙箱高度调整好后再次单击，如图 5.35 所示。

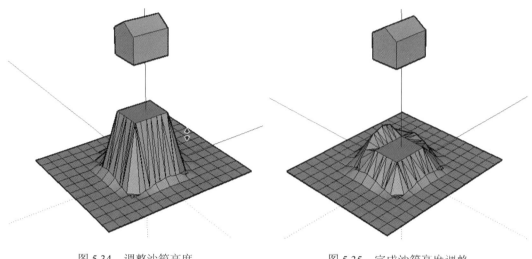

<table>
<tr><td>图 5.34　调整沙箱高度</td><td>图 5.35　完成沙箱高度调整</td></tr>
</table>

（6）选择"移动"工具将建筑物移动到刚刚平整的沙箱表面上，如图 5.36 所示。

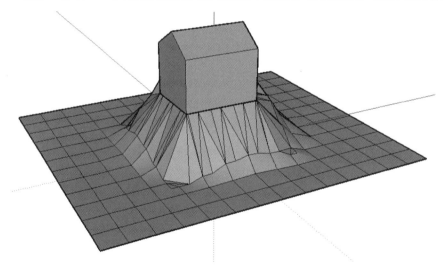

图 5.36　移动建筑物

🔔注意：　"曲面平整"命令就像建筑施工的第一步"平整场地"一样。该命令常用在制作山地建筑、有一定复杂沙箱的建筑和景观建筑中。该命令可以快速地对沙箱进行平整并生成一个平台，使建筑物"站立"在上面。

5.2.5　曲面投射

"曲面投射"命令是将平面的路网映射到崎岖不平的沙箱物体上，在沙箱上开辟出路网。发出此命令的方式是：单击工具栏中的"曲面投射"按钮 。具体操作方法如下：

（1）在视图中将道路的平面图与地形物体放置在正确的位置上，如图 5.37 所示。

（2）选择道路平面图，然后单击工具栏中的"曲面投射"按钮发出命令，移动光标到沙箱物体处，光标变成一个道路的形状并且沙箱物体处于选择的激活状态，如图 5.38 所示。

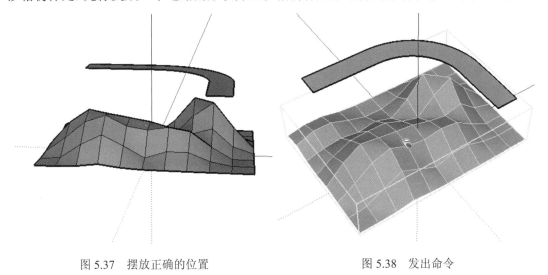

图 5.37　摆放正确的位置　　　　　　　图 5.38　发出命令

注意：为了便于操作，最好将道路平面图创建成一个群组。

（3）单击沙箱物体表面，可以看到此时出现了道路的轮廓线，如图 5.39 所示。

（4）隐藏道路平面图，选择沙箱物体，选择"窗口"|"边线柔化"命令，弹出"边线柔化"对话框，在其中进行如图 5.40 所示的设置。

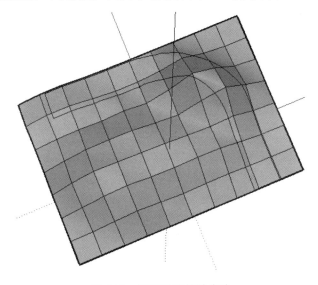

图 5.39　出现道路的轮廓线　　　　　　图 5.40　"边线柔化"对话框

（5）在进行"边线柔化"操作之后，会发现沙箱中的边线减少了，如图 5.41 所示。双击沙箱物体进入群组编辑模式，删除多余的边线，如图 5.42 所示。

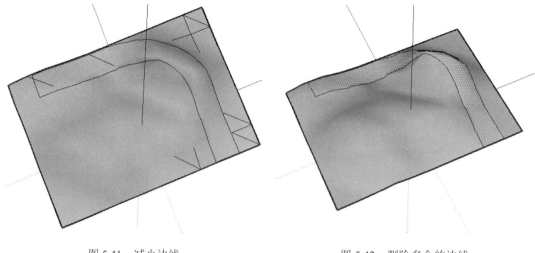

图 5.41　减少边线　　　　　　　　　　图 5.42　删除多余的边线

（6）炸开群组。右击沙箱，从右键菜单中选择"炸开模型"命令，将此群组分解成一个一个的单独物体，完成操作。

5.2.6　添加细部

"添加细部"命令的作用是将已经绘制好的网格物体进一步细分。细分的原因是原来的网格物体部分或全部的网格密度不够，需要重新调整。发出该命令的方式是：单击工具栏中的"添加细部"按钮▩。具体操作方法如下：

（1）双击需要进一步细分的网格，进入群组编辑模式，如图 5.43 所示。

（2）选择需要进一步细分的网格（当然根据需要可以选择全部网格），本例选择 6 个相邻网格说明操作方法，如图 5.44 所示。

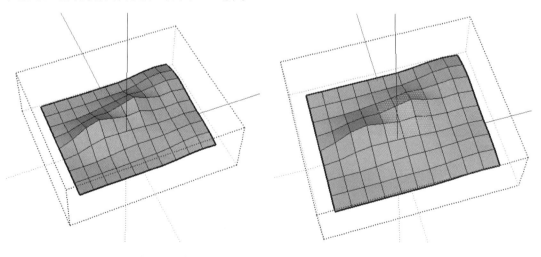

图 5.43　进入群组编辑模式　　　　　　图 5.44　选择需要细分的网格

（3）单击工具栏中的"添加细部"按钮发出命令，可以看到此时所选择的网格已经重新划分，划分的原则是一个网格分成四块，共 8 个三角面，并且对相邻的未选择网格也进行了三角面的划分，如图 5.45 所示。

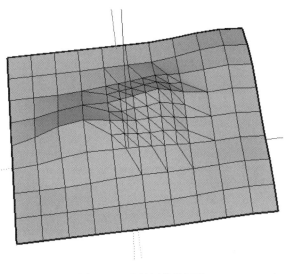

图 5.45　重新划分的网格

5.2.7　对调角线

"对调角线"命令是将四边形的对角线进行变换。发出此命令的方式是：单击工具栏中的"对调角线"按钮 ▨。具体操作方法如下：

（1）打开一个网格沙箱文件，如图 5.46 所示。

（2）选择"视图"|"隐藏物体"命令，可将隐藏的对角线用虚线的形式显示出来，如图 5.47 所示。

🔔注意：三角形是最稳定的结构形式，所以在三维软件中最小的"面"单位就是三角面。

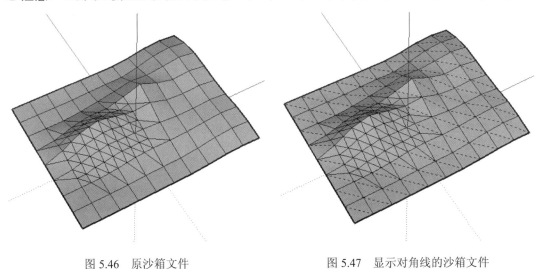

图 5.46　原沙箱文件　　　　　图 5.47　显示对角线的沙箱文件

（3）双击沙箱，进入群组编辑模式。单击工具栏中的"对调角线"按钮发出命令。单击需要转换的对角线后对角线将自动转换过来。通过比较图 5.48 左侧的沙箱可以看出，右侧沙箱中的一部分对角线进行转换。

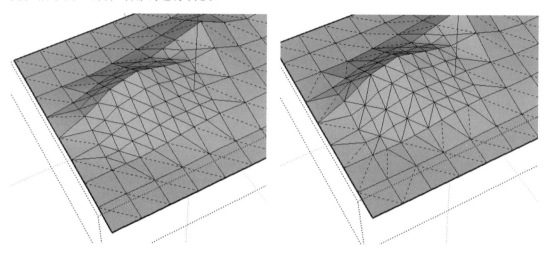

图 5.48　转换对角线

第 6 章　照片匹配的使用方法

照片匹配总的说是通过照片反映的坐标轴与 SketchUp 绘图坐标轴相一致,从而使绘制的图形符合照片的透视关系。因为二者的坐标轴一致,因而按照照片透视线描绘的轮廓也可以形成三维模型。通过这个功能可以揣摩优秀的建筑作品的形体关系,也可以建立三维地图。

6.1　透　视　简　介

6.1.1　透视的分类

透视是绘画中的术语,来源于拉丁文 Perspclre(看透)。透视图是通过一块透明的平面去看景物,然后将所见景物准确地描画在这块平面上,即成为该景物的透视图。后来将在平面画幅上根据一定原理,用线条来显示物体的空间位置、轮廓和投影的科学称为透视学。

透视的基本术语如下:

❑ 视平线:与画者眼睛平行的水平线。

❑ 心点:眼睛正对着视平线上的一点。

❑ 视点:画者眼睛的位置。

❑ 视中线:视点与心点相连,与视平线呈直角的线。

❑ 灭点(又称为消失点):与画面不平行的成角物体在透视中延伸到视平线心点两旁的消失点。

❑ 天点:近高远低的倾斜物体(房子房盖的前面)消失在视平线以上的点。

❑ 地点:近高远低的倾斜物体(房子房盖的后面)消失在视平线以下的点。

❑ 平行透视:有一面与画面呈平行关系的正方形或长方形物体的透视。这种透视有整齐、平展、稳定和庄严的感觉。

❑ 成角透视:指景物纵深与视中线呈一定角度的透视。这种透视能使构图发生变化。

在设计室内外效果图时,由于观察角度不一样会出现有多个灭点。按照灭点的个数,往往将透视分为三类:一点透视、二点透视、三点透视。

1. 一点透视

一点透视即平行透视,在透视制图中的运用最为普遍,如图 6.1 所示。图 6.2 为典型的一点透视效果图。

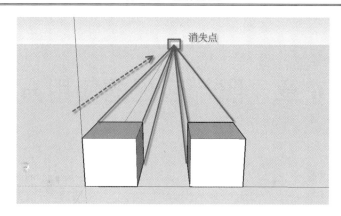

图 6.1　一点透视原理图

图 6.2　一点透视效果图

2．二点透视

二点透视也称为成角透视，如图 6.3 所示。图 6.4 所示为典型的室内设计二点透视效果图，图 6.5 所示为典型的建筑二点透视效果图。

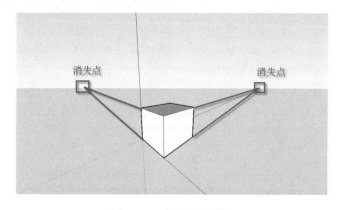

图 6.3　二点透视原理图

图 6.4　室内设计二点透视效果图

图 6.5　建筑二点透视效果图

3．三点透视

三点透视是立方体相对于画面而言，其面和棱线都不平行时，面的边线可以延伸为三个消失点。用俯视或仰视等角度去看立方体时就会形成三点透视，如图 6.6 所示。如图 6.7 所示为典型的三点透视效果图。

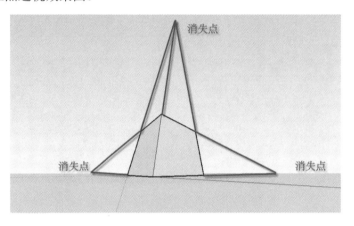

图 6.6　三点透视原理图

图 6.7　三点透视效果图

了解透视关系后，就可以观察所要匹配的照片属于哪个类型。一般来说，所有的照片都是三点透视关系，接近平视的相机照片看起来就是二点透视。

6.1.2　SketchUp 中的透视关系

SketchUp 的三维视图中有带透视关系的三维视图，也有不带透视关系的三维视图与二维视图。根据人眼的视觉效果，带透视关系的三维视图最容易被接受。SketchUp 切换透视关系的操作也很简单，只是一个命令而已。

（1）在默认情况下，SketchUp 的三维视图是透视图，如图 6.8 所示。这样的视图与真实情况比较接近。

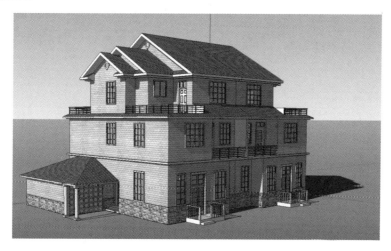

图 6.8　默认的三维视图

（2）选择"相机"｜"平行投影显示"命令，可以将透视图切换到轴测图（即没有透视关系的三维视图）上，如图 6.9 所示。

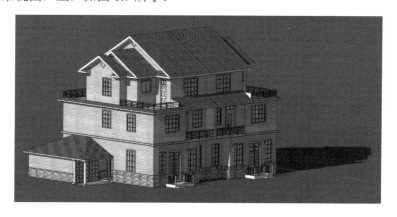

图 6.9　轴测图

注意：如果想切换回透视图，可以选择"相机"｜"透视显示"命令。

（3）在"平行投影显示"状态下，单击"顶视图"按钮，可以切换到建筑设计中常用的"平面图"模式，如图 6.10 所示。

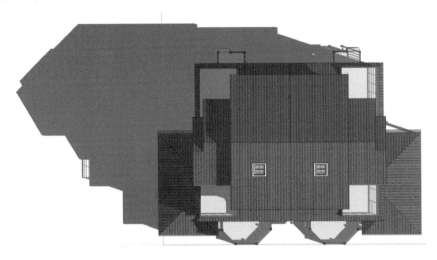

图 6.10　平面图模式

（4）在"平行投影显示"状态下，单击"前视图"按钮，可以切换到建筑设计中常用的"正立面"模式，如图 6.11 所示。

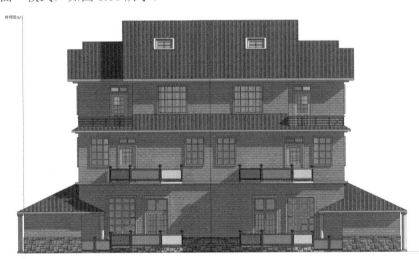

图 6.11　正立面视图

注意：在 SketchUp 操作过程中，大多数情况下需要在三维视图中完成，上面介绍的平面图模式和正立面模式常用于移动或对齐物体。

6.2　照　片　匹　配

在国际测量行业巨头 Trimple（天宝）公司收购 SketchUp 软件之后，SketchUp 增加了一些测量配套方法的功能。照片匹配就是基于这个思路开发的新功能，目的是让使用者可以依照一张数码相片来模型建模。

6.2.1　建筑的照片匹配

下面通过一个实例说明如何用一张照片建立三维立体模型。在匹配坐标轴时一定要认真仔细，否则很难完全按照照片建立模型。下面选的这张照片是一个比较明显的三点透视图，只要将坐标轴匹配准确，就能得到准确的图形。照片如图 6.12 所示。

图 6.12　原来的照片

（1）打开照片匹配功能有两种方法。一种是选择"文件"｜"导入"命令，在弹出的"导入"对话框中，切换至"所有支持的图像类型"选项，选择"新建照片匹配"单选按钮，打开配套下载资源中提供的"1.JPG"图片，单击"导入"按钮，如图 6.13 所示。另一种方法是选择"相机"｜"匹配新照片"命令，加入要匹配的照片即可。

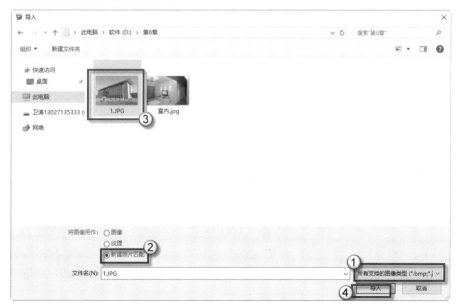

图 6.13　导入照片

（2）打开照片后，系统会自动跳转到坐标轴匹配的模式。通过两条透视线可以确定一个坐标轴的方向。利用这个原理，SketchUp 提供了 4 条匹配的控制直线，如图 6.14 所示。

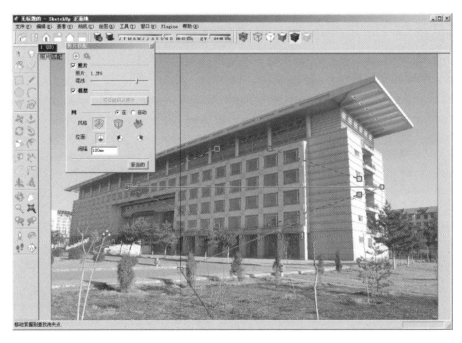

图 6.14 轴线匹配模式

（3）按照图 6.14 中示意，将 4 条控制线分别匹配照片中的 4 条透视线，如图 6.15 所示。各个点一定要确保放置准确。

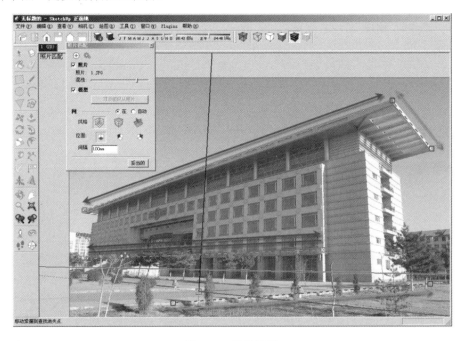

图 6.15 轴线匹配

（4）将视图放大，图中框选区域是两条控制线的端点，使其放置在照片中建筑的角点处，其他端点也应该参照这种方式放置，如图 6.16 所示。

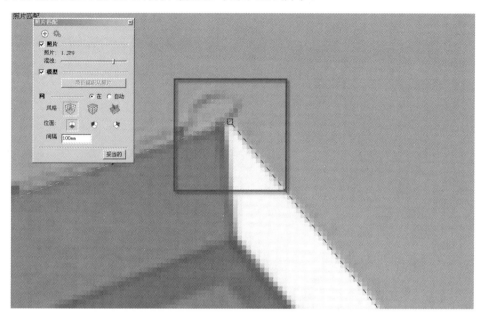

图 6.16　控制点的放置

（5）将坐标轴 Z 移动到图中示意的位置，调整 Z 轴位置使之与照片中的一条竖线重合，如图 6.17 所示。Z 轴不一定非要放置在图中示意的位置，只要有明显的竖线即可。

图 6.17　匹配 Z 轴

（6）单击面板中的"确定"按钮，恢复到绘图状态。在场景中放置一个人物组件，如图 6.18 所示。

图 6.18　放入组件

（7）将光标放在蓝色的 Z 轴上，单击轴线，拖曳光标就可以缩放坐标轴系统，如图 6.19 所示。

图 6.19　缩放坐标轴系统

（8）选择"窗口"|"系统设置"命令，在弹出的"SketchUp 系统设置"对话框中选择"绘图"选项卡，在"杂项"栏中勾选"显示十字准线"复选框，单击"确定"按钮，如图 6.20 所示。

（9）单击"线段"按钮，在图中蓝色线（①处）处绘制一条直线，这条直线是沿一条建筑轮廓线绘制的，即绿线（②处），可是当绘制一段距离后发现有偏差，说明坐标轴匹配不准确，如图 6.21 所示。

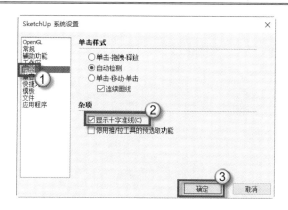

图 6.20　进行系统设定

图 6.21　绘制直线

（10）重新回到坐标轴设定状态，调整坐标轴，直到与描绘的目标重合，如图 6.22 所示。这是坐标轴的微调步骤，如果第一次就可以匹配得很好，这一步可以省略。

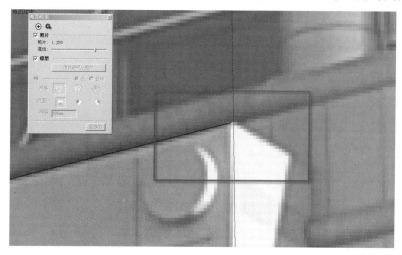

图 6.22　调整坐标轴

（11）用线段工具沿着图中红线（①处）开始绘制线段，如图 6.23 所示。描摹的轮廓一定要清楚，这样才能使绘制的线段很准确。

图 6.23　绘制线段 1

（12）当上一步绘制的线段到达建筑的另一端时又出现了偏差，绿线（①处）是经过的路径，红线（②处）是实际的路径，如图 6.24 所示。

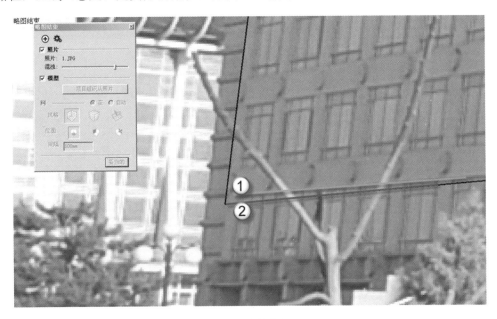

图 6.24　绘制线段 2

（13）进入坐标轴匹配状态，向上拖曳图中示意的控制点，使绘制的线段和描绘的轮廓线相一致，无须考虑大小变化，只要方向匹配即可，如图 6.25 所示。

图 6.25　调整坐标轴

（14）继续上一步骤，单击"确定"按钮，退出坐标轴编辑模式。选中图中示意的线段，将其向左移动到相应的轮廓线位置，如图 6.26 所示。

图 6.26　调整线段

（15）将上面绘制的四边形封闭成面。单击"推/拉"按钮，对面进行推拉操作，以便生成三维形体，如图 6.27 所示。应该多运用推拉操作，比按照建筑轮廓描线更准确。

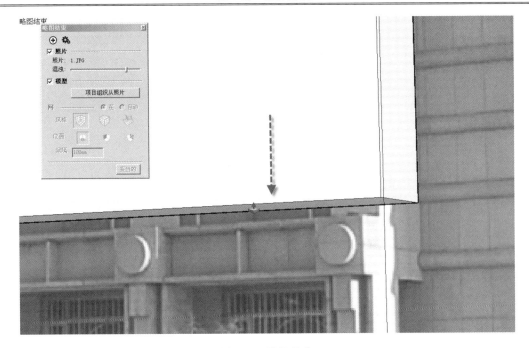

图 6.27　推拉操作

（16）视图进入"X 光显示模式"。在照片匹配的操作中，复制面也可以起到事半功倍的作用。用"直线"工具描绘形体，每次只能绘制一条线，而复制面每次至少复制 4 条线，如图 6.28 所示。

图 6.28　复制操作

（17）按住鼠标中键不放，旋转视图到建筑模型的另一侧，按住 Ctrl 键不放，双击要延伸的面，这样可以保证有相同长度的拉伸，如图 6.29 所示。

（18）删除箭头所在处前面的面，露出要推拉的上部面，然后向上推动面，如图 6.30
所示。

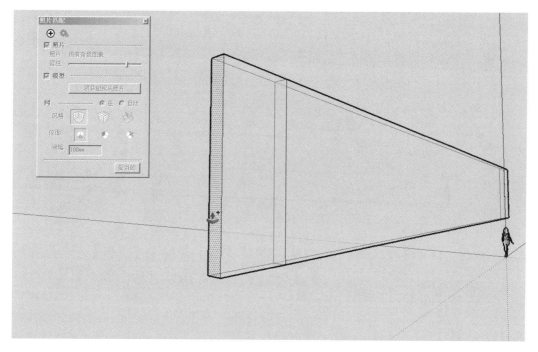

图 6.29　复制拉伸

图 6.30　清除面并拉伸面

（19）单击框住的选项卡（①处），进入照片匹配的全景部分，观察模型的绘制情况，
如图 6.31 所示。

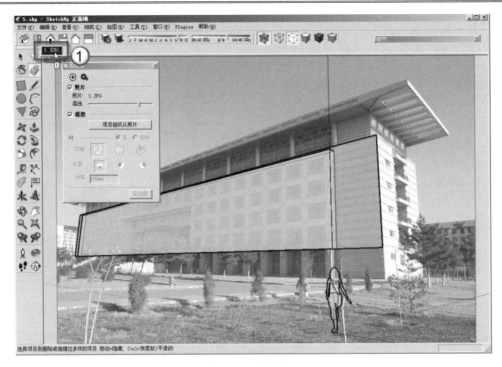

图 6.31　观察模型

（20）通过旋转视图，在各个合适的角度通过各种参照线和几何制图方法修整模型，如图 6.32 所示。尽管照片匹配的功能比较强大，但是照片都是位图而不是矢量图，因此捕捉可能不准确。

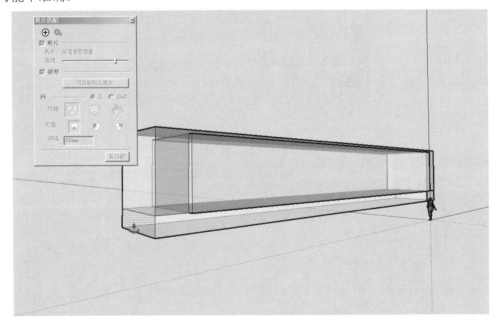

图 6.32　完善模型

（21）在完成一部分绘制工作之后，应该及时返回照片匹配的初始状态，观察建模的偏差情况，如图 6.33 所示。

图 6.33　观察模型

（22）通过视图模式的不断切换，达到提高绘图效率的目的。在"X 光模式"下绘制的建筑的装饰顶如图 6.34 所示。

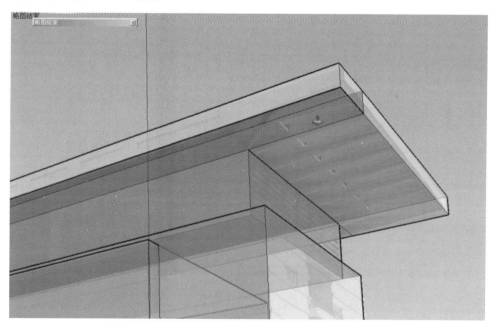

图 6.34　建立模型

（23）单击框住的按钮，给模型赋予照片材质，如图 6.35 所示。至此，模型的体量关系已经确定，下面就是对各个部分进行细化工作。操作方法与前面大致相同，不再赘述。细化一部分后的模型如图 6.36 所示。

图 6.35　赋予材质

图 6.36　细化模型

6.2.2　室内设计的照片匹配

　　照片匹配使设计师可以通过跟踪照片建立一个 3D 模型，或者使一个现有的模型和一张背景照片相匹配。照片匹配允许在照片内指定一条直线并且与 SketchUp 内的轴线取得一致，然后利用 SketchUp 计算相机位置和视野使建模环境与照片相匹配。具体操作如下：

（1）选择"相机"｜"新建照片匹配"命令，在弹出的"选择背景图片文件"对话框中选择需要匹配的照片文件。

（2）打开作为照片匹配的图片后，整个 SketchUp 的界面会发生很大的变化，出现了"照片匹配"面板和红、绿、蓝三色调整轴，如图 6.37 所示。

图 6.37　照片匹配界面

（3）调整视觉中心。拖曳红、绿、蓝三轴的交点到构图中心处，如图 6.38 所示。这个位置就是视觉中心。

图 6.38　视觉中心

（4）调整绿轴。绿轴有两个，上下方各一个。参照房间中带有灭点的线条来调整这两个轴线，如图 6.39 所示。

图 6.39　调整绿轴

　　（5）调整红轴。红轴有两个，上下方各一个。参照房间中的带有灭点的线条来调整这两个轴线，如图 6.40 所示。

图 6.40　调整红轴

　　（6）可以观察到，此时的红、绿、蓝三个轴线已经将房间中的透视关系表达出来了，两个灭点的位置可以通过计算得到，如图 6.41 所示。黄轴（①处）就是视平线的位置。

图 6.41　透视关系

（7）调整完成后，在"照片匹配"面板中调整"透明度"
与"间隔"，然后单击"完成"按钮，如图 6.42 所示。

（8）绘制吊顶。选择"相机"｜"直线"命令，使用"直
线"工具绘制出一部分吊顶，如图 6.43 所示。

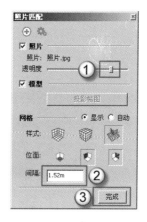

注意：在完成了照片匹配的设置之后，在屏幕中就不能绘制
　　　与屏幕平行和垂直的直线了，这时所有的线条都是带
　　　有透视关系的。

（9）绘制电视机。选择"相机"｜"直线"命令，使用
"直线"工具绘制出电视机，如图 6.44 所示。

（10）绘制家具。选择"相机"｜"直线"命令，使用"直
线"工具绘制一部分家具，如图 6.45 所示。

图 6.42　调整照片匹配参数

图 6.43　绘制吊顶

图 6.44 绘制电视机

图 6.45 绘制家具

通过这样的方式可以模拟照片中的透视关系，从而达到临摹建模的效果。本例的照片在本书的配套下载资源中可以找到，请读者参照练习。

第 2 篇
设计案例

第 7 章　橱 柜 设 计

　　整体橱柜起源于欧美,于 20 世纪 80 年代末至 90 年代初经由香港地区传入广东、浙江、上海和北京等省市,并逐步向其他省市渗透发展,到 90 年代末,随着改革开放的深化,人民生活水平的提高,生活方式的改变,以及受国外厨卫文化的影响,现代家庭橱柜行业蓬勃发展并形成了庞大的产业市场,成为我国的朝阳行业。

　　整体橱柜是指由橱柜、电器、燃气具、厨房功能用具组成的一体化橱柜组合。相比一般的橱柜,整体橱柜的个性化程度更高,厂家可以根据不同需求设计出不同的整体橱柜产品,实现厨房的整体协调,营造良好的家庭氛围及浓厚的生活气息。

　　设计师首先是和业主、装修队进行充分沟通,因为每一个人、每一个家庭的生活习惯和爱好是不同的,通过三方的充分沟通,业主可以对自己的厨房布局有一个初步的概念,并且知道需要安置哪些用具和设备,而设计师则以专业的水准帮助业主完成他们的设想,同时避免可能产生的问题。设计师要体现业主的生活习惯和爱好,包括左右手习惯等,只有经过充分沟通才能根据每个家庭的情况进行合理布局和定位。

　　在学习完本章的知识之后,笔者准备了一个作业——一个环岛型厨房的橱柜设计。设计图纸见附录 B,读者可以根据本章所学的知识建立这个更复杂的橱柜模型。

7.1　主体框架设计

　　本节根据已有的橱柜设计图纸,使用 SketchUp 软件进行整体橱柜大体框架的建模。模型的细化工作在后面的内容中会详细介绍。在建模的过程中,注意把握尺寸,特别是土建墙体已经完成的情况下,如何将橱柜与墙体相结合。

7.1.1　设计条件

　　这是一个 8.5m² 的中型厨房,设计师要制作一个橱柜的样板间用于对外展示。提供的图纸有平面图,如图 7.1 所示;A 向立面图,如图 7.2 所示;B 向立面图,如图 7.3 所示;C 向立面图,如图 7.4 所示,共 4 幅图。可以从平面图中得到平面的空间尺寸,而从三个立面图中获得纵向的尺寸。

　　通过分析此实例,可以得到以下要点,以方便于作图。

　　(1)橱柜有三段:A 向、B 向、C 向。B 向橱柜上部是油烟机,C 向橱柜上部是微波炉。

　　(2)橱柜以 U 形进行布置。厨房三大件以打火灶为中心,洗池与电冰箱分列两侧。

　　(3)橱柜布置充分利用现有房间结构,两段橱柜的端点与墙体相接。

（4）这是一个开放式厨房，没有对房间结构进行封闭。

注意：在使用 SketchUp 制作此方案时，不需要将 AutoCAD 图形导入，因为平面图中的尺寸比较简单，可以直接在 SketchUp 中绘图。

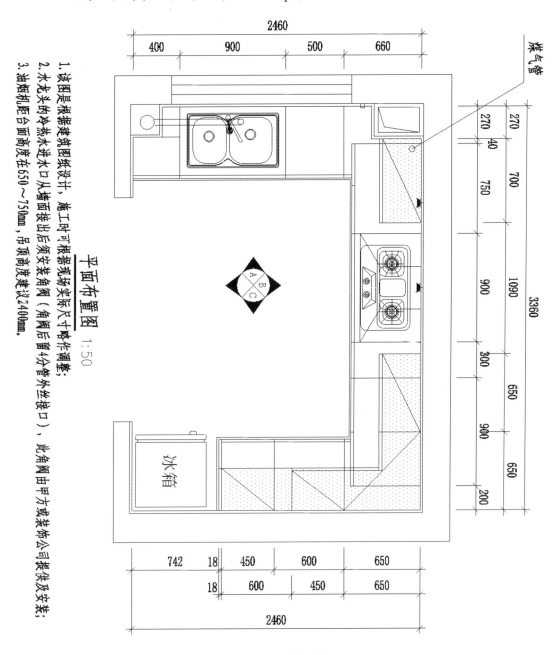

图 7.1　平面布置图

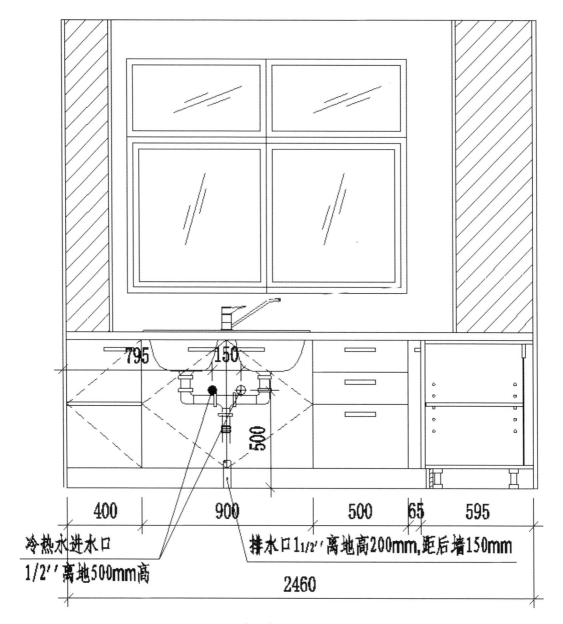

795   150

500

400   900   500   65   595

冷热水进水口   排水口1¹⁄₂″离地高200mm,距后墙150mm
1/2″离地500mm高

2460

A向立面图 1:50

图 7.2 A 向立面图

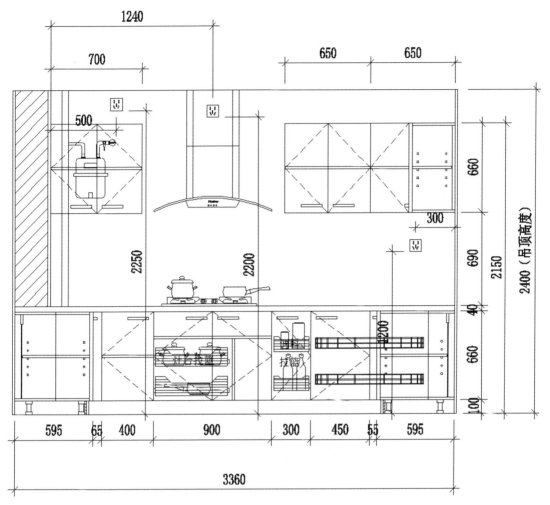

B向立面图 1:50

图 7.3　B 向立面图

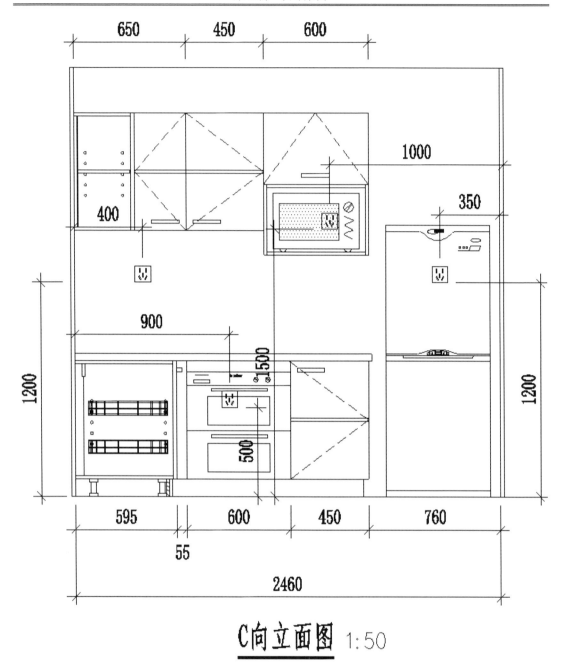

C向立面图 1:50

图 7.4　C 向立面图

7.1.2　拉出主体框架

本例橱柜的主体框架是由一个盒子组成的，同时还需要隐藏一些面，这样方便建模，具体操作如下：

（1）绘制矩形。按 R 快捷键发出"矩形"命令，以系统原点为起点，拉出一个 3360mm×2460mm 的矩形，如图 7.5 所示。

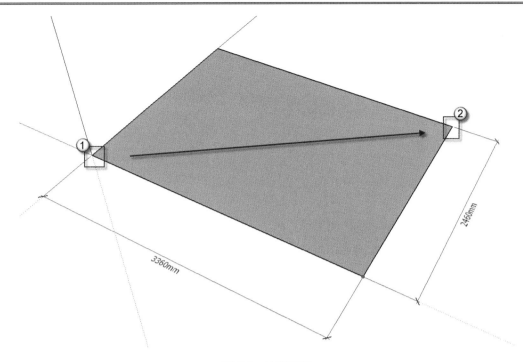

图 7.5 绘制矩形

（2）向上推拉。按 P 快捷键发出"推/拉"命令，将矩形向上拉出 2400mm 的高度，如图 7.6 所示。

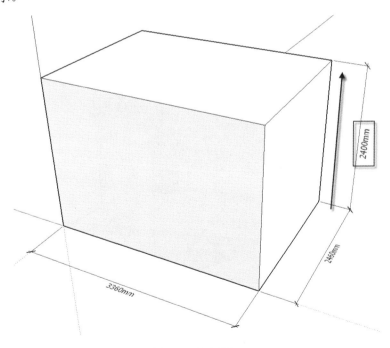

图 7.6 向上推拉

（3）反转面。右击顶部的面，从右键菜单中选择"反转平面"命令，将面的反面翻转到外部，面的正面翻转到内部，如图 7.7 所示。

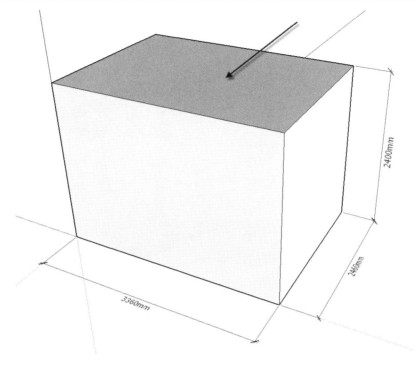

图 7.7　反转面

（4）统一面的正反。再次右击顶部的面，从右键菜单中选择"确定平面的方向"命令，将这个长方体的所有面的反面翻转到外部，如图 7.8 所示。

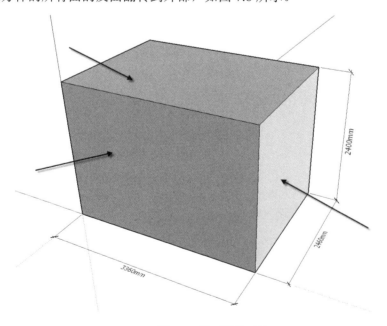

图 7.8　统一面的正反

注意：橱柜设计也属于室内设计的范畴，因此作为围合构件的墙体其正面应该向内，背面应该向外。

（5）隐藏面。右击顶面与观看方向正对的面，从右键菜单中选择"隐藏"命令，隐藏这两个面以方便作图，如图 7.9 所示。

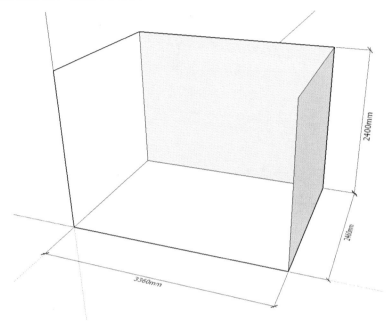

图 7.9　隐藏面

7.2　柜　体　设　计

柜体是在主体建完后，从主体上直接画线生成面，推拉这样的面而形成的，不需要另外再绘制面。这样的建模方法就是笔者倡导的"单面"建模法，是面数最少的方式。

7.2.1　地柜与台面

地柜与台面也是在主体上直接画线生成面，然后直接推拉面生成新的构件。具体操作如下：

（1）偏移线。选择①、②、③所在的 3 根线，按 F 快捷键发出"偏移"命令，向内侧偏移 650mm 的距离，如图 7.10 所示。

（2）设置柜体材质并赋予对象。按 B 快捷键发出"材质"命令，在"材料"面板中单击"创建材质"按钮，弹出"创建材质"对话框，输入材质名称为"柜体"，设置颜色为 R=150、G=155、B=219，单击"确定"按钮，如图 7.11 所示。将材质赋予相应的对象，如图 7.12 所示。

注意：应该边建模型边赋予模型相应的材质，这样可以马上看出不同构件之间的区别与联系。

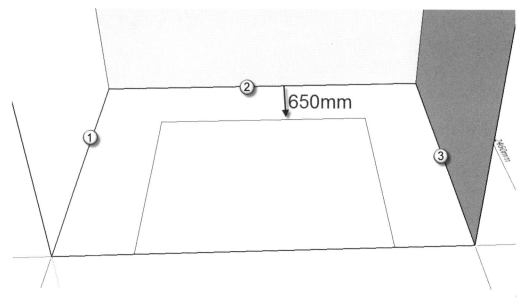

图 7.10　偏移线

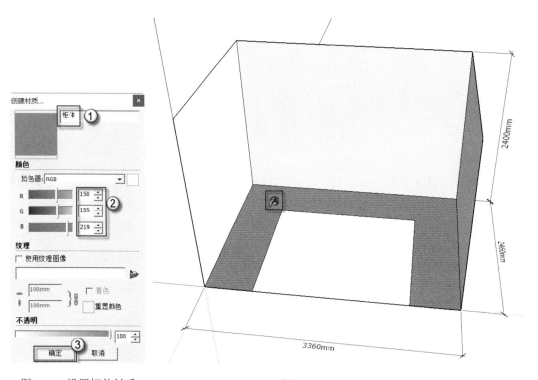

图 7.11　设置柜体材质　　　　　图 7.12　赋予对象材质

（3）向上拉出柜体。按 P 快捷键发出"推/拉"命令，将赋予了材质的面向上拉出 760mm 的高度，如图 7.13 所示。

（4）复制底座线。选择①、②、③所在的 3 根线，如图 7.14 所示。按 M 快捷键发出"移动"命令，按住 Ctrl 键不放，将这 3 根线向上复制 100mm 的距离，如图 7.15 所示。

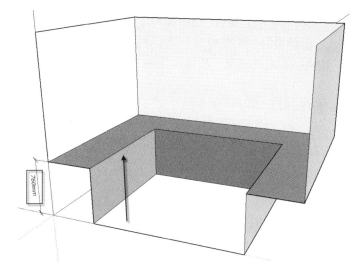

图 7.13　向上拉伸

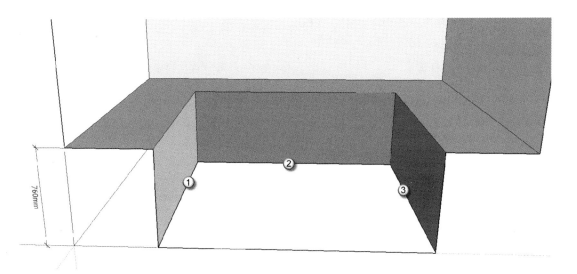

图 7.14　选择底座线

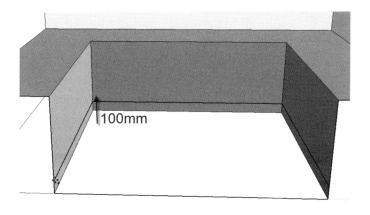

图 7.15　复制底座线

（5）设置并赋予底座的材质。按 B 快捷键发出"材质"命令，在"材料"面板中单击"创建材质"按钮，在弹出的"创建材质"对话框中，输入材质名称为"底座"，设置颜色为 R=0、G=0、B=0，单击"确定"按钮，如图 7.16 所示。将材质赋予相应的对象，如图 7.17 所示。

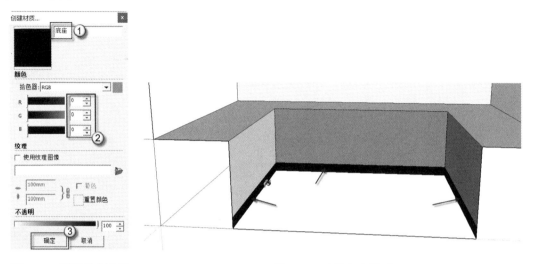

图 7.16　设置底座材质　　　　　　　　　　　图 7.17　赋予底座材质

（6）推拉底座效果。按 P 快捷键发出"推/拉"命令，将左侧底座所在的面向内推入 100mm，如图 7.18 所示。然后保持"推/拉"命令不退出，双击底座所在的另外两个面，如图 7.19 所示。

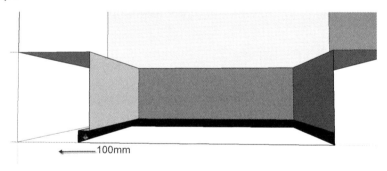

图 7.18　向内推入 100mm

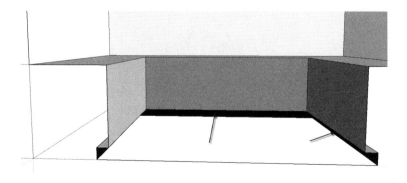

图 7.19　双击推/拉

（7）设置并赋予台面材质。按 B 快捷键发出"材质"命令，在"材料"面板中单击"创建材质"按钮，弹出"创建材质"对话框，输入材质名称为"台面"，设置颜色为 R=225、G=216、B=161，单击"确定"按钮，如图 7.20 所示。将材质赋予相应的对象，如图 7.21 所示。

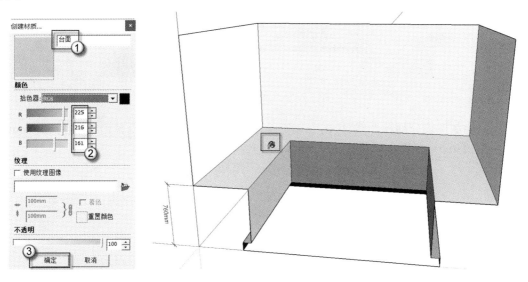

图 7.20　设置台面材质　　　　　　　　　　图 7.21　赋予台面材质

（8）推出台面。按 P 快捷键发出"推/拉"命令，按住 Ctrl 键不放，将台面向上拉出 40mm 的厚度，如图 7.22 所示。保持"推/拉"命令不退出，将台面的三个侧面向外侧拉出 40mm 的距离，如图 7.23 所示。

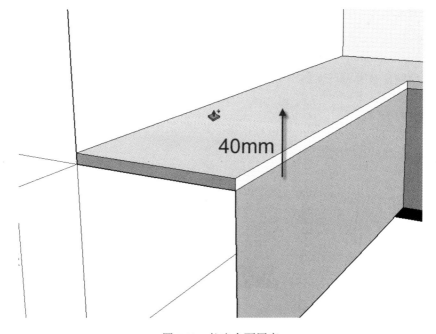

图 7.22　拉出台面厚度

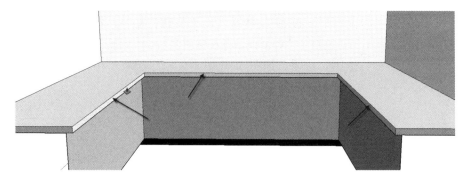

图 7.23　台面侧面的推拉

（9）绘制柜体分割辅助线。单击卷尺工具，双击柜体边缘线，分别拉出 400mm、900mm、300mm 和 450mm 的距离，确定 B 面柜体的大致位置，如图 7.24 所示。

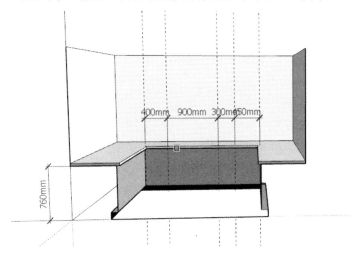

图 7.24　绘制柜体分割辅助线

（10）绘制柜体分割线。按 L 快捷键发出"直线"命令，根据上一步绘制的分割辅助线绘制柜体分割线，如图 7.25 所示。

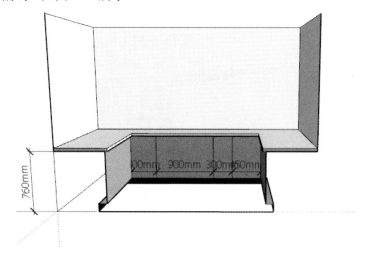

图 7.25　绘制柜体分割线

（11）偏移线。选择①、②、③、④所在的 4 根线，如图 7.26 所示。按 F 快捷键发出"偏移"命令，按住 Ctrl 键不放，将这 4 根线向内偏移 20mm 的距离。

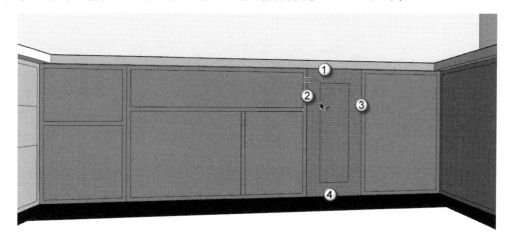

图 7.26　偏移线

（12）推拉柜体。选择柜体的一个面，按 P 快捷键发出"推/拉"命令，将柜体表面向外拉出 20mm 的距离，体现出柜体的三维凹凸感，如图 7.27 所示。

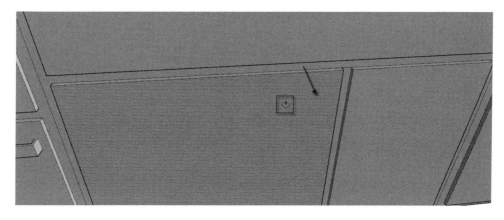

图 7.27　拉出柜体

7.2.2　吊柜

吊柜是位于橱柜上方的柜子，在施工时需要打吊筋，因此被称为"吊柜"，具体建模方法如下：

（1）绘制吊柜定位辅助线。单击卷尺工具，双击柜体边缘线，竖向拉出 700mm、650mm、350mm 和 300mm 的辅助线，再横向拉出 650mm 和 660mm 的辅助线确定吊柜的大致位置，如图 7.28 所示。

（2）绘制吊柜定位轮廓线。按 R 快捷键，分别沿着①→②、③→④、⑤→⑥所在端点绘制 3 个矩形，形成柜体的基本轮廓，如图 7.29 所示。

（3）拉出柜体深度。选择柜体正面，按 P 快捷键发出"推拉"命令，向前拉出 300mm

的距离，拉出柜体深度。如图 7.30 所示。双击①、②两个面可以快速拉出 300mm 的柜体
深度，如图 7.31 所示。

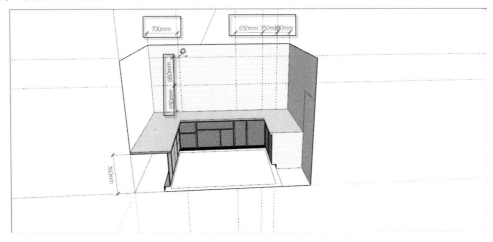

图 7.28　绘制吊柜定位辅助线

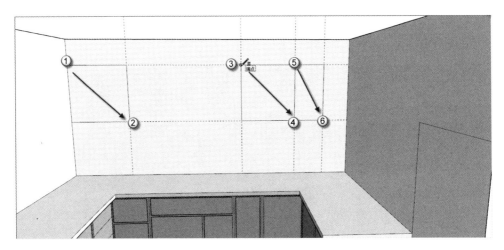

图 7.29　绘制吊柜定位轮廓线

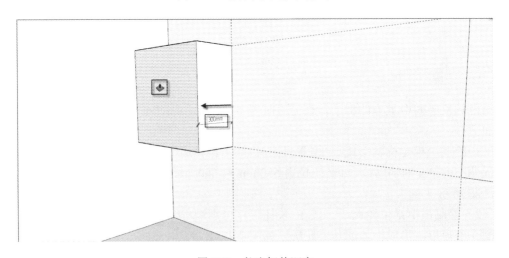

图 7.30　拉出柜体深度

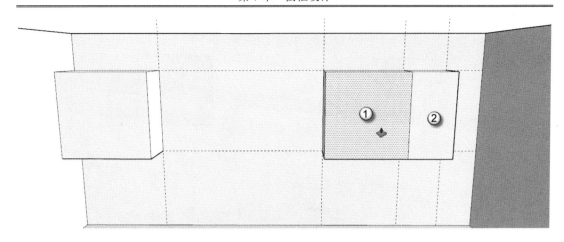

图 7.31　拉出柜体深度

（4）设置吊柜的材质。在"材料"卷展栏中，选择"在模型的样式"|"柜体"材质，如图 7.32 所示，给柜体添加并填充材质，如图 7.33 所示。

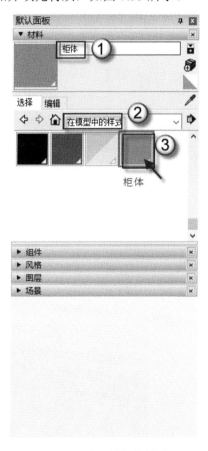

图 7.32　设置吊柜的材质

（5）绘制柜面。选择①、②、③、④所在的 4 根线，按 F 快捷键发出"偏移"命令，按住 Ctrl 键不放，将这 4 根线向内偏移 40mm 的距离，如图 7.34 所示。同样，可以选择①、②两个面，双击两个面的边线可以快速向内偏移 40mm 的距离，如图 7.35 所示。

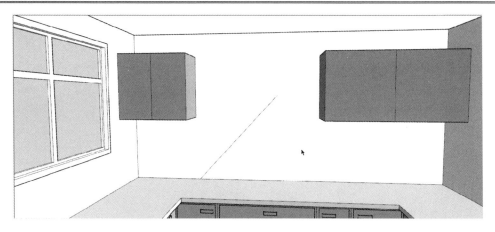

图 7.33   添加柜体

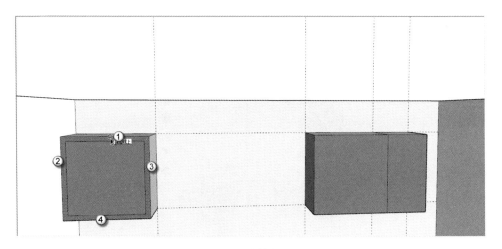

图 7.34   绘制左侧面

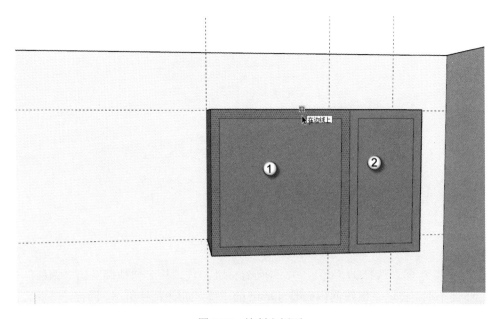

图 7.35   绘制右侧面

（6）形成柜体厚度感。按 P 快捷键发出"推/拉"命令，将柜面向前拉出 20mm 的距离，体现柜面的厚度感，如图 7.36 所示。

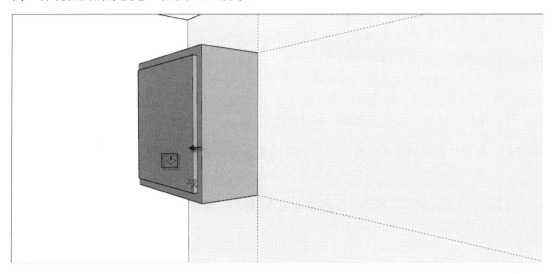

图 7.36　体现柜面的厚度感

（7）绘制 C 面吊柜。按照上述绘制柜体的方法，绘制 C 面 250mm×660mm、450mm×660mm、600mm×660mm 尺寸的吊柜，如图 7.37 所示。

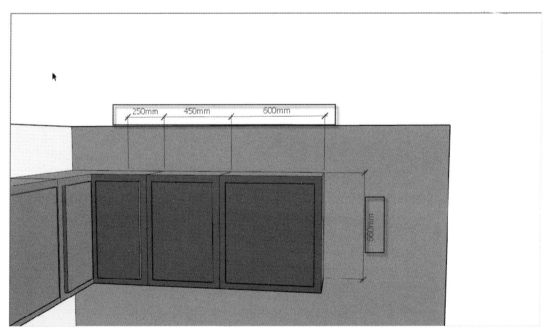

图 7.37　绘制 C 面吊柜

7.2.3　五金

五金制品是日常生活和工业生产中使用的辅助性、配件性制成品，早期多用金、银、

铜、铁、锡 5 种金属材料制作，因而得名。本节中的五
金制品主要是指柜门的把手。而活页、滑轨等其他五金
制品，由于制作方式类似，此处不再赘述。

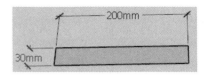

图 7.38　画把手

（1）绘制把手。按 R 快捷键发出"绘画矩形"命令，
画出 200mm×30mm 的矩形，如图 7.38 所示。

（2）创建把手组件。右击上一步绘制好的矩形物体，在右键菜单中选择"创建组件"
命令，弹出"创建组件"对话框，输入材质名称为"把手"，勾选"用组件替换选择内容"
复选框，单击"创建"按钮，如图 7.39 所示。

🔔注意：把手一定要制作成组件。场景中有很多把手，制作成组件不仅方便复制对象，而
　　　　且修改一个把手时其余把手也会发生关联变化。

（3）拉出把手高度。双击把手组件，进入组件编辑模式。按 P 快捷键发出"推/拉"
命令，向上拉出 30mm 的距离，如图 7.40 所示。

图 7.39　创建把手组件

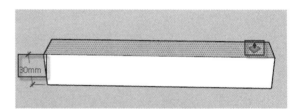

图 7.40　拉出把手高度

（4）绘制把手凹槽辅助线。单击"卷尺"工具，双击把手边缘线，横向拉出两根 20mm
辅助线（①、②所在位置），竖向拉出一根 10mm 的辅助线（③所在位置），如图 7.41
所示。

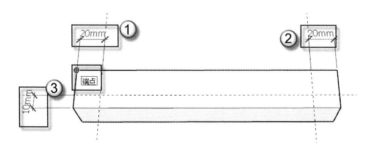

图 7.41　绘制把手凹槽辅助线

（5）绘制把手凹槽。按 L 快捷键发出"直线"命令，绘制把手凹槽线，如图 7.42 所示。按 E 快捷键发出"删除"命令，删除多余的线和面，如图 7.43 所示。

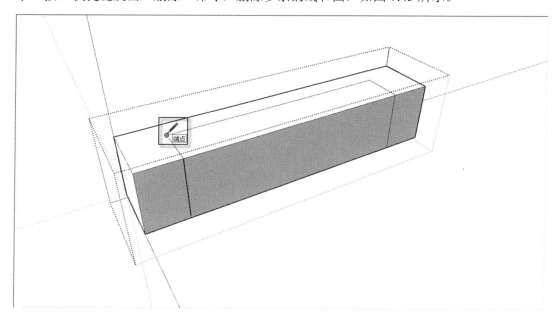

图 7.42　绘制把手凹槽

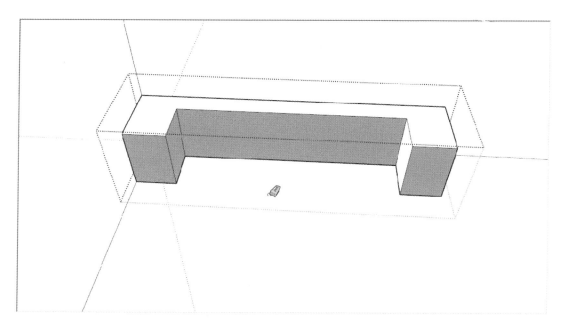

图 7.43　删除多余的把手线

（6）绘制把手倒角。按 A 快捷键发出"圆弧"命令，绘制半径为 5mm 的圆弧并且与把手边线相切。左右两边均要绘制，如图 7.44 所示。

（7）推拉倒角。按 P 快捷键发出"推/拉"命令，将倒角处向下推，如图 7.45 所示，直至倒角处完全平滑为止，如图 7.46 所示。

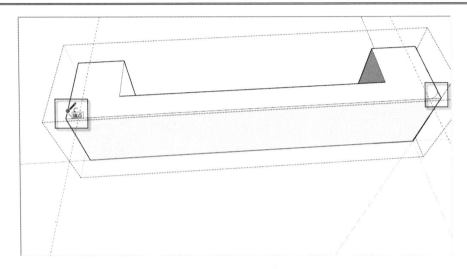

图 7.44 绘制把手倒角

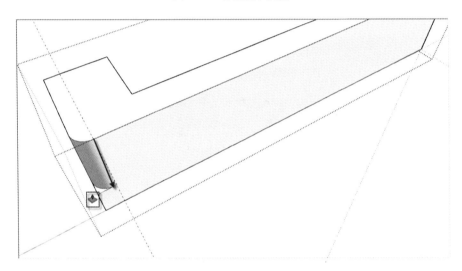

图 7.45 推拉倒角

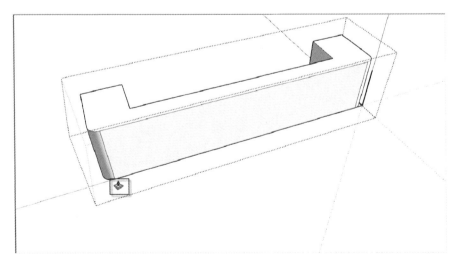

图 7.46 圆滑倒角

（8）设置并赋予把手材质。按 B 快捷键发出"材质"命令，在"材料"面板中单击"创建材质"按钮，在弹出的"创建材质"对话框中输入材质名称为"把手"，设置颜色为 R=238、G=222、B=255，单击"确定"按钮，如图 7.47 所示。将材质赋予相应的对象，如图 7.48 所示。

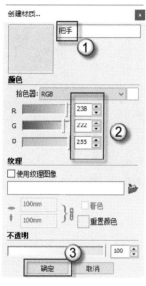

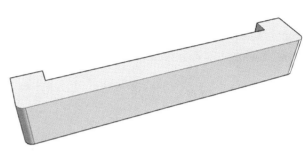

图 7.47　设置把手材质　　　　　　　　图 7.48　赋予把手材质

（9）插入把手组件。打开"组件"卷展栏，选择"把手"组件，如图 7.49 所示。将组件加入各个柜面之上，如图 7.50 所示。

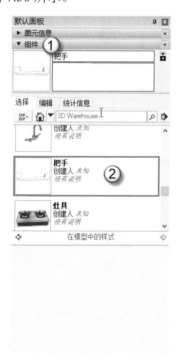

图 7.49　选择把手组件

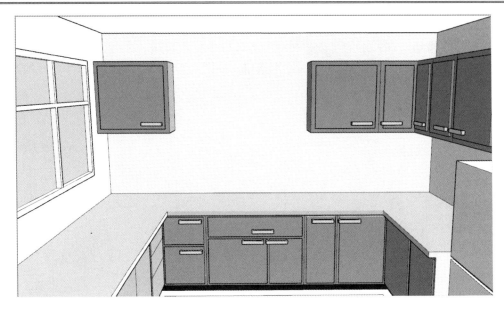

图 7.50　插入把手组件

7.3　完善细节

本节主要介绍一些细节组件的制作方法，如墙体上的窗户、加入厨房中常用的厨具组件等。

7.3.1　窗户

窗户采用画线分隔的方法进行制作，注意使用材质进行区分。本章主要是介绍橱柜的制作方法，因此门窗等属于建筑专业的构件不需要太细致。

（1）绘制分割辅助线。单击"卷尺"工具，双击柜体边缘线，分别拉出 1400mm 和 1000mm 的辅助线。确定窗户的大致位置，如图 7.51 所示。

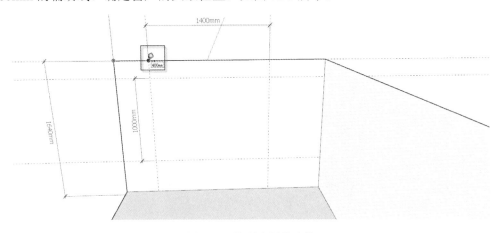

图 7.51　绘制分割辅助线

（2）绘制窗户轮廓。按 R 快捷键发出"矩形"命令，按照①→②方向绘制 1000mm×1400mm 的矩形，如图 7.52 所示。

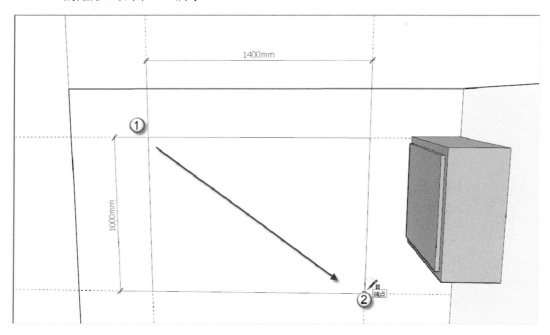

图 7.52　绘制窗户轮廓

（3）绘制窗框。按 F 键发出"偏移"命令，选择窗户轮廓的边线，将其向内偏移 40mm 的距离，如图 7.53 所示。

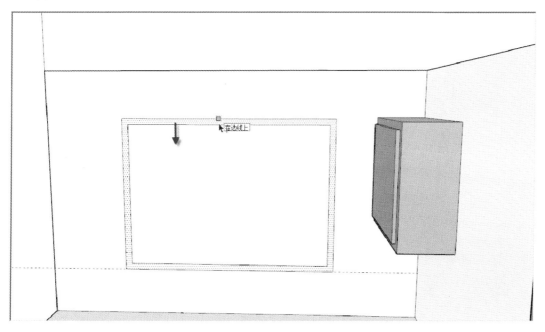

图 7.53　绘制窗框

（4）推拉窗户框架。选择窗框的正面，按 P 快捷键发出"推/拉"命令，将柜面向外拉出 40mm 的距离，如图 7.54 所示。

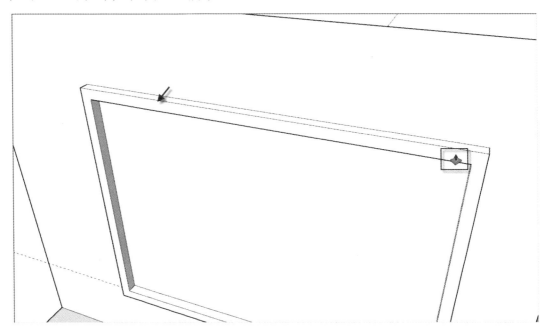

图 7.54 推拉窗户框架

（5）绘制窗框分隔。按 L 快捷键发出"直线"命令，在窗框中心区绘制窗框分隔。按 P 快捷键发出"推/拉"命令，将窗框分隔向前拉出 40mm 的厚度，如图 7.55 所示。

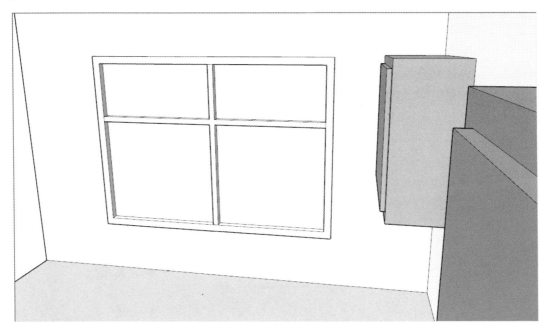

图 7.55 绘制窗框分隔

（6）设置窗户材质并赋予对象。按 B 快捷键发出"材质"命令，在"材料"面板中单击"创建材质"按钮，在弹出的"创建材质"对话框中输入材质名称为"窗户"，设置颜色为 R=100、G=149、B=237，在"不透明"栏中调整滑块至 50 左右，单击"确定"按钮，如图 7.56 所示。然后将设置的材质赋予相应的对象，如图 7.57 所示。

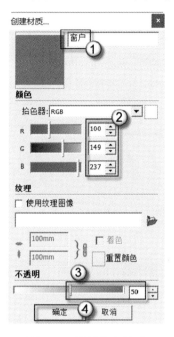

图 7.56   设置窗户材质

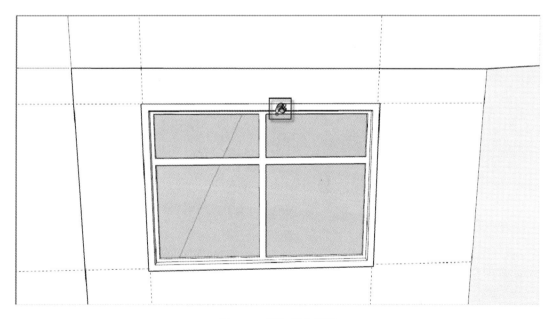

图 7.57   添加窗户材质

7.3.2   加入组件

在本书的配套下载资源中提供了厨房中常用的几种厨具组件。这类组件不需要读者建模，只要载入场景中即可。具体操作如下：

（1）打开厨具素材包。进入"C:\ProgramData\SketchUp\SketchUp 2018\SketchUp\"目录，可以看到有一个 Components 文件夹，如图 7.58 所示。这个文件夹就是存放 SketchUp 组件的文件夹。进入这个文件夹，将配套下载资源中的"厨具"文件夹复制到其中，如图 7.59 所示。

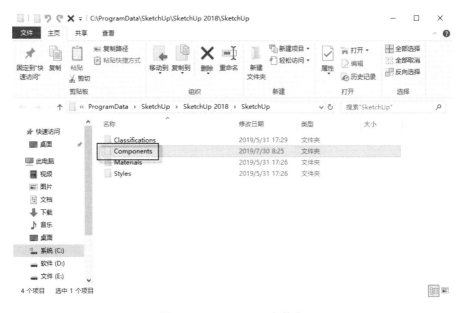

图 7.58　Components 文件夹

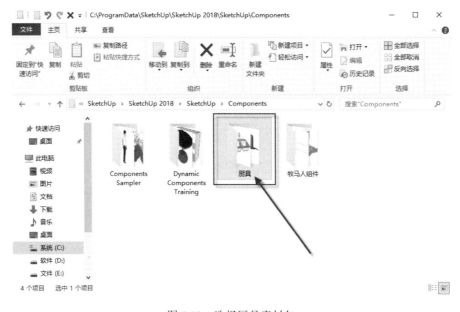

图 7.59　选择厨具素材包

（2）发送组件。打开"厨具"文件夹，可以观察到 4 种组件，如图 7.60 所示。将文件夹中的素材添加至组件，如图 7.61 所示。

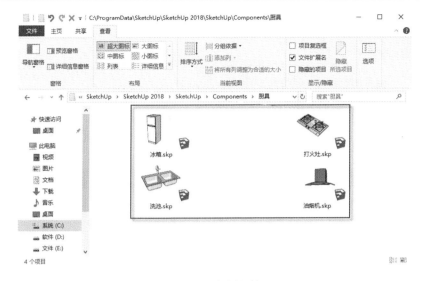

图 7.60　复制组件

（3）添加冰箱组件。在 C 面预留出冰箱的位置。打开"组件"卷展栏，选择冰箱组件，如图 7.62 所示。将冰箱组件拖曳入橱柜模型中，调整洗手盆的位置，如图 7.63 所示。

注意：A、B、C 三面的编号见图 7.1。

（4）添加洗菜盆组件。在 A 面柜面上预留洗菜盆的位置。打开"组件"卷展栏，选择"洗菜盆"组件，如图 7.64 所示。将洗菜盆组件拖曳入橱柜模型中，调整洗菜盆的位置，如图 7.65 所示。

（5）添加抽油烟机组件。在 B 面墙上预留抽油烟机的位置。打开"组件"卷展栏，选择"抽油烟机"组件，如图 7.66 所示。将抽油烟机组件拖曳入橱柜模型中并调整抽油烟机的位置，如图 7.67 所示。

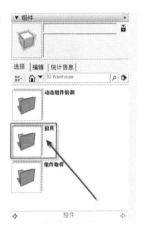

图 7.61　厨具组件

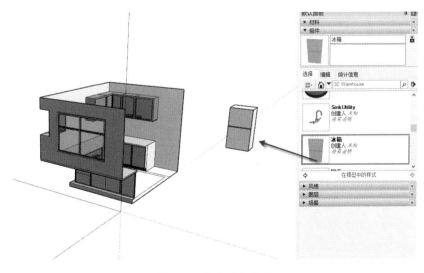

图 7.62　拖曳冰箱组件

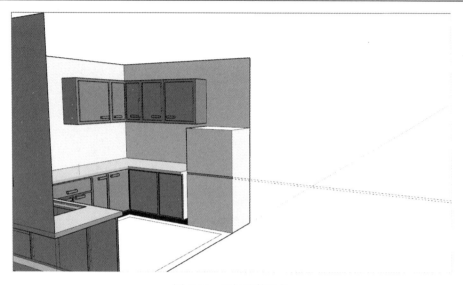

图 7.63　添加冰箱组件

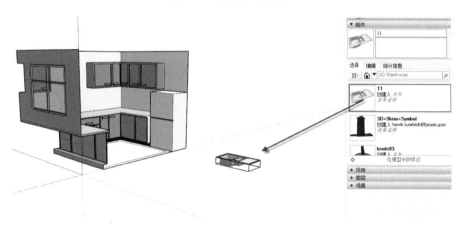

图 7.64　拖曳洗菜盆组件

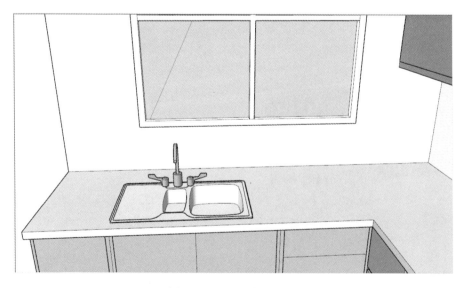

图 7.65　添加洗菜盆组件

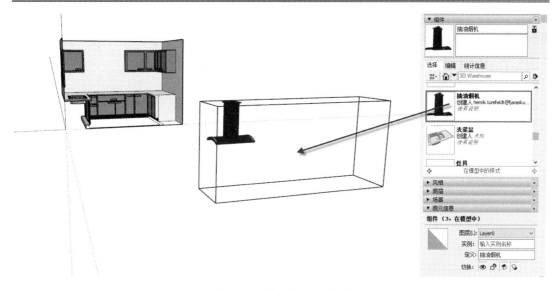

图 7.66　拖曳抽油烟机组件

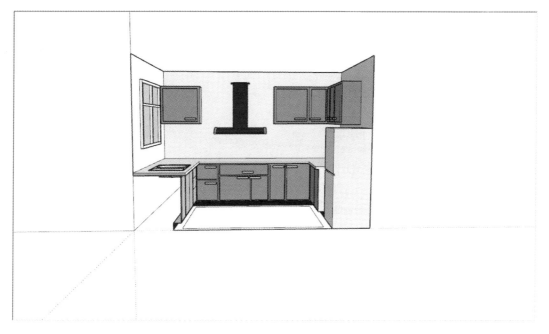

图 7.67　添加抽油烟机组件

（6）添加燃气灶组件。在 B 面柜面预留燃气灶的位置。打开"组件"卷展栏，选择"燃气灶"组件，如图 7.68 所示。将燃气灶组件拖曳入橱柜模型中并调整燃气灶的位置，如图 7.69 所示。

（7）添加微波炉组件。在 C 面柜面预留燃气灶的位置。打开"组件"卷展栏，选择"微波炉"组件，如图 7.70 所示。将微波炉组件拖曳入橱柜模型中并调整微波炉的位置，如图 7.71 所示。

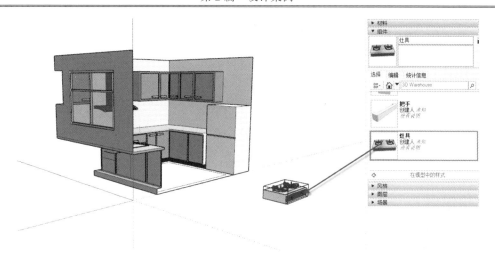

图 7.68 拖曳燃气灶组件

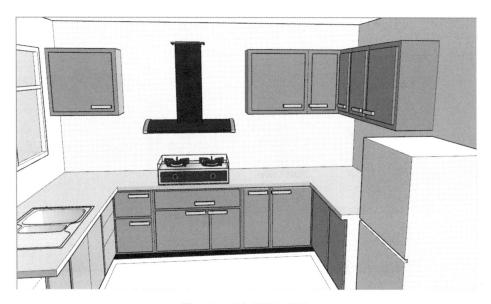

图 7.69 添加燃气灶组件

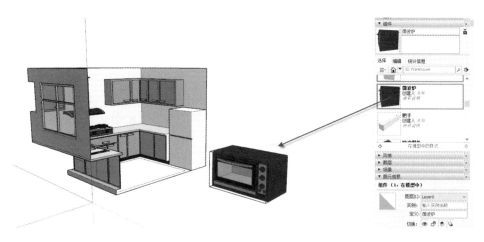

图 7.70 拖曳微波炉组件

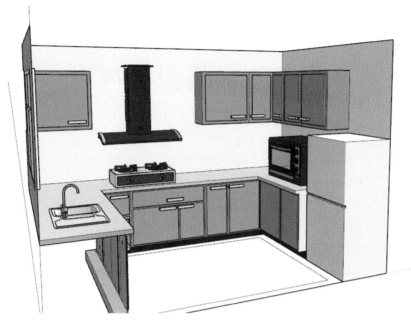

图 7.71 添加微波炉组件

第8章　室内场景建模

SketchUp 以简洁、实用的操作风格在三维设计软件领域中占有一席之地。其界面简洁，建模流程简单、明了，就是画线成面，然后挤压成型，这也是建筑建模最常用的方法。其方便的推/拉功能让设计者无须进行复杂的三维建模就可以生成 3D 几何体，并可以应用在建筑、规划、园林景观、室内设计及工业设计等多个领域。

由于 SketchUp 软件的优越性，很多室内设计师开始使用 SketchUp 进行室内方案设计，本章将以一个客厅加餐厅的设计为例，介绍使用 SketchUp 进行室内设计的流程。

8.1　建立室内空间

SketchUp 的建模方式是"单面建模"，其创建的模型面数比用盒子建模法的模型面数少很多，面少就意味着在操作和渲染时的速度会非常快，这是 SketchUp 的一大优势。

无论使用什么样的软件建立室内模型，最开始都是建立一个封闭的空间环境，而SketchUp 的"单面建模"法更适合建立室内场景。

8.1.1　设置绘图环境

SketchUp 启动后默认的绘图单位是美制的"英寸"，而我国建筑制图用的国标是以"毫米"为单位，这就需要设置绘图单位。具体操作如下（在 1.2.1 节中已经介绍过设置绘图单位的方法，这里为了加深读者的记忆，重述一遍）。

（1）双击桌面的"SketchUp 2018"图标，启动 SketchUp。

（2）设置系统单位。选择菜单栏的"窗口"|"模型信息"命令，在弹出的"模型信息"对话框中选择"单位"选项卡，设置"格式"为"十进制"与 mm 选项，在数值输入框中输入 1mm 字样，如图 8.1 所示。

🔔注意：国标要求在建筑制图中平面尺寸以 mm 为单位，纵向的标高尺寸以 m 为单位。但是在使用计算机绘图时，不论是什么软件，都必须将系统单位设置为 mm，只是在标高标注时改为 m 为单位即可。

（3）选择菜单栏的"窗口"|"默认面

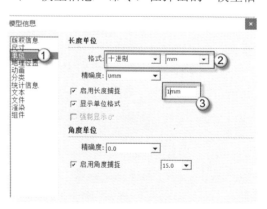

图 8.1　场景信息设置

板"｜"风格"命令，在弹出的"风格"面板中单击"编辑"按钮，然后单击"正面色"对应的颜色按钮，弹出"选择颜色"对话框。移动颜色滑块，调整颜色为"黄色"，单击"确定"按钮。这样就完成了对模型"面"的设置，如图 8.2 所示。

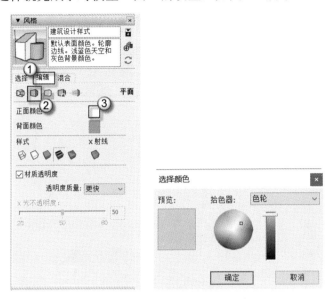

图 8.2　面的设置

注意：在使用 SketchUp 2018 时，模型的正面颜色是白色，与软件的界面背景颜色相同，这样就容易将正面色与背景色混淆。为了更好地区分以免出错，笔者建议把正面的颜色改为 SketchUp 5 中默认的颜色——"黄色"（也可以改为其他颜色，根据绘图者的习惯而定）。

8.1.2　绘制主体房间

用"线"工具绘制房间的底面，然后用"推/拉"工具挤压出房间的净高即可。绘制主题房间的方法正是利用了 SketchUp 的平面图和三维图形可以单独在一个软件中完成，即一次建模的特点。这种方法节省了大量的时间。需要注意的是，因为 SketchUp 是"单面建模"，设计者的脑海里要有"单面建模"的概念，分清正面和背面，注意不要把背面对着相机。

（1）按 L 快捷键发出"直线"命令，绘制如图 8.3 所示的房间底面图形。有了这个图形后，就可以使用"推/拉"工具生成三维房间。

（2）按 P 快捷键发出"推/拉"命令，沿着 Z 轴方向向上拉伸出 2810mm 的距离，这就是房间的净高，如图 8.4 所示。

（3）右击任意一个面，在右键菜单中选择"反转平面"命令，将黄色的正向转到内侧，如图 8.5 所示。然后再次右击这个面，在右键菜单中选择"确定平面方向"命令，将所有的黄色正面翻转到内侧，而蓝色的反面翻转到外侧，如图 8.6 所示。

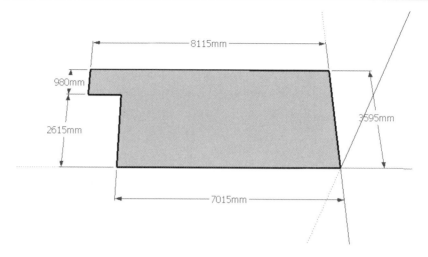

图 8.3　房间底面

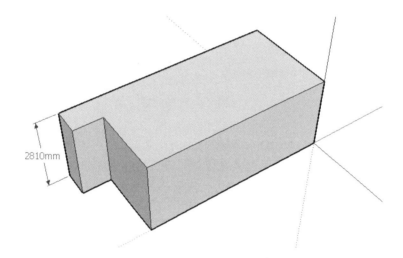

图 8.4　生成三维房间

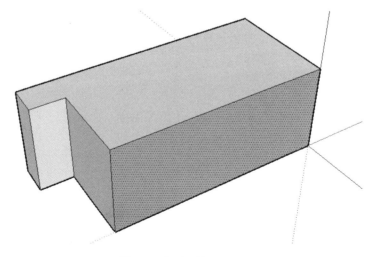

图 8.5　将面翻转

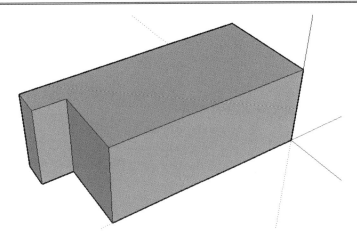

图 8.6　确定平面的方向

注意：在 SketchUp 中使用黄色表示正面（也就是显示的面），蓝色表示反面（也就是不显示的面）。在绘制室内效果图时，黄色的正面一定要向内。而绘制室外效果图时，黄色的正面则要向外。

（4）设置墙体材质。按 B 快捷键发出"材质"命令，在"材料"面板中单击"创建材质"按钮，在弹出的"创建材质"对话框中输入材质名称为 wall，设置颜色为 R=255、G=255、B=255，单击"确定"按钮，如图 8.7 所示。

（5）设置地板材质。按 B 快捷键发出"材质"命令，在"材料"面板中单击"创建材质"按钮，在弹出的"创建材质"对话框中输入材质名称为 floor，设置颜色为 R=230、G=255、B=230，单击"确定"按钮，如图 8.8 所示。

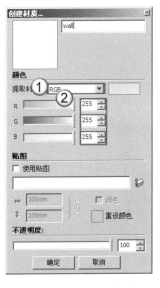

图 8.7　设置墙体材质

图 8.8　设置地面材质

注意：在设计效果图建模时，应该养成边建模型边赋材质的习惯，这样就不会出现有的模型忘记赋材质的情况。与建完模型再赋材质的方法比，这种方法更加科学。

8.1.3　建立门

在本例中，客厅和餐厅之间的过道和主入口各有一个门（带门套）。门的尺寸是 2000mm×800mm，门套的尺寸为 60mm。客厅北面墙有四扇推拉门，尺寸为 760mm×2100mm。餐厅南面墙上有两扇推拉门，尺寸为 900mm×2000mm。

（1）确定走道的位置。按 T 快捷键发出"卷尺"命令，绘制出如图 8.9 所示的两条辅助线。这两条辅助线是走道的定位线。

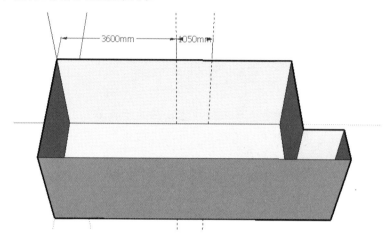

图 8.9　确定走道的位置

（2）按 L 快捷键发出"直线"命令，沿辅助线的位置绘制两条线，按 P 快捷键发出"推/拉"命令，将这个面向内拉伸 1600mm 的距离。删除复制线，如图 8.10 所示。

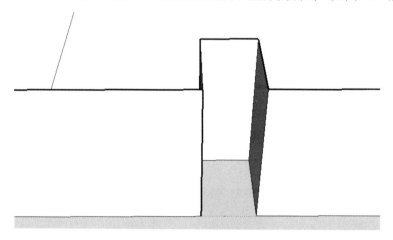

图 8.10　绘制走道

（3）确定门的位置。按 T 快捷键发出"卷尺"命令，绘制如图 8.11 所示的辅助线。

（4）绘制门的轮廓。按 L 快捷键发出"直线"命令，绘制门的轮廓，再按 B 快捷键发出"材质"命令，赋予门一种材质，如图 8.12 所示。

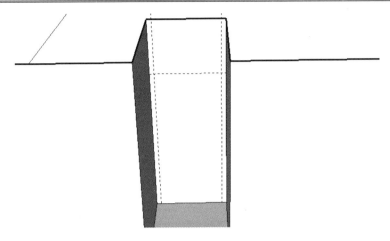

图 8.11　确定门的位置

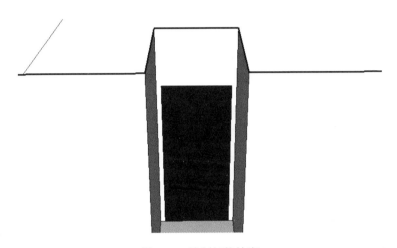

图 8.12　绘制门的轮廓

（5）绘制门套。选择门的轮廓线，按 F 快捷键发出"偏移"命令，将其偏移 60mm 的距离，形成如图 8.13 所示的门套。

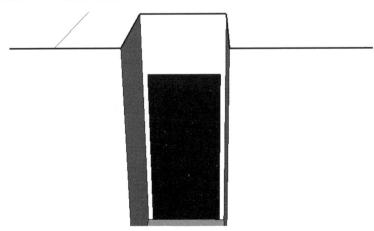

图 8.13　绘制门套

（6）拉伸门套。按 P 快捷键发出"推/拉"命令，将门向内拉伸 200mm 的距离，制作出门套的厚度，使其有立体感，如图 8.14 所示。

（7）绘制门的细节。按 C 快捷键发出"圆"命令，绘制 5 个圆形图案，半径分别为 150mm（①处）、125mm（②处）、100mm（③处）、75mm（④处）和 50mm（⑤处），如图 8.15 所示。按 P 快捷键发出"推/拉"命令，将圆形图案向内拉伸 20mm 的距离。

（8）设置玻璃材质。按 B 快捷键发出"材质"命令，在"材料"面板中单击"创建材质"按钮，在弹出的"创建材质"对话框中，输入材质名称为 glass，设置颜色为 R=200、G=255、B=255，滑动"不透明"滑块至 70 左右，单击"确定"按钮，如图 8.16 所示。

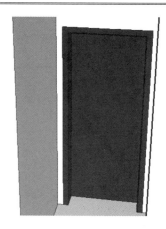

图 8.14　拉伸门套

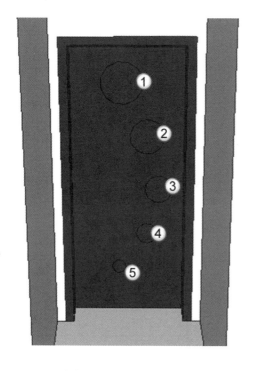

图 8.15　绘制门上的图案

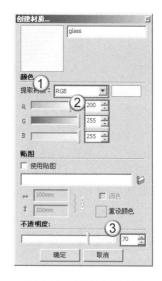

图 8.16　设置玻璃材质

（9）绘制门把手。按 C 快捷键发出"圆"命令，在门面上绘制一个半径为 30mm 的圆，再按 P 快捷键发出"推/拉"命令，将圆向外拉伸出 30mm 的厚度。按 R 快捷键发出"矩形"命令，在圆上绘制一个 40mm×20mm 的矩形，同样拉伸 30mm 的厚度。再在矩形的底面绘制一个 20mm×20mm 的矩形，拉伸适当的长度，如图 8.17 所示。

（10）设置金属材质。按 B 快捷键发出"材质"命令，在"材料"面板中单击"创建材质"按钮，在弹出的"创建材质"对话框中输入材质名称为 jinshu，设置颜色为 R=140、G=150、B=200，单击"确定"按钮，如图 8.18 所示。

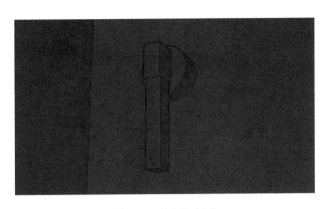

图 8.17　绘制门把手

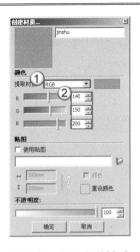

图 8.18　设置金属材质

（11）制作组件。右击门及门套所包含的所有面，在右键菜单中选择"创建组件"命令，弹出"创建组件"对话框，在"定义"栏中输入"门"字样，勾选"用组件替换选择内容"复选框，单击"创建"按钮完成组件创建，然后删除多余的面和线，如图 8.19 所示。

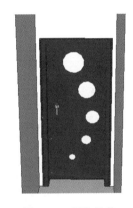

注意：在建模过程中，创建组件是很关键的步骤，模型中的门、窗和家具等构件，只要是同一类型的物体就需要放在同一个组件中，这将为以后的建模操作及渲染提供很大的方便。

图 8.19　制作组件

（12）复制门。按 M 快捷键发出"移动"命令，按住 Ctrl 键不放，将门移动并复制到另一个门的位置。右击组件，在右键菜单中选择"交错平面"｜"模型交错"命令，删除多余的面和线，如图 8.20 所示。

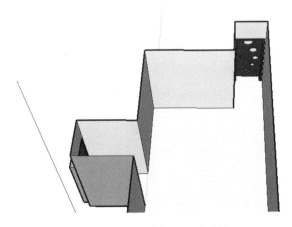

图 8.20　复制门

（13）确定推拉门的位置。按 T 快捷键发出"卷尺"命令，绘制出如图 8.21 所示的 6 条辅助线。这 6 条辅助线是门的定位线。

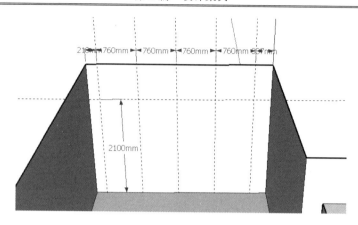

图 8.21　推拉门的位置

（14）绘制门扇。按 R 快捷键发出"矩形"命令，沿着绘制的辅助线的位置绘制出 4 扇推拉门，如图 8.22 所示。

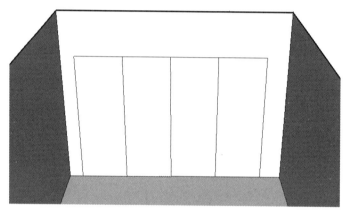

图 8.22　绘制门扇

（15）绘制门框。选择门面，按 F 快捷键发出"偏移"命令，将其向内偏移 40mm 的距离，形成如图 8.23 所示的门框。

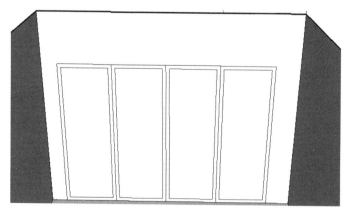

图 8.23　绘制门框

（16）按 P 快捷键发出"推/拉"命令，将左右两侧的门框向外拉伸 30mm 的距离，将中间两个门的门框向内拉伸 30mm 的距离，将中间两个门的门面向内拉伸 60mm 的距离，如图 8.24 所示。

图 8.24　推拉门

（17）赋予材质。给推拉门的门框赋予前面制作的金属材质，给门面赋予玻璃材质，并将推拉门设置成群组，如图 8.25 所示。

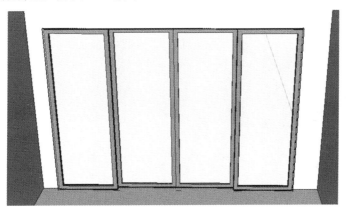

图 8.25　赋予材质

（18）在餐厅的南面墙上，按 T 快捷键发出"卷尺"命令，绘制如图 8.26 所示的 3 条辅助线，确定餐厅门的宽和高。

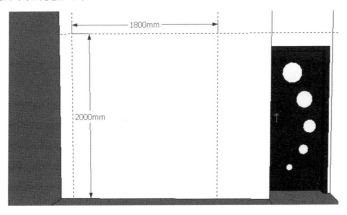

图 8.26　确定推拉门的位置

（19）绘制门。按 R 快捷键发出"矩形"命令，沿着辅助线绘制如图 8.27 所示的矩形，连接中点绘制一条中心线（门的分割线）。

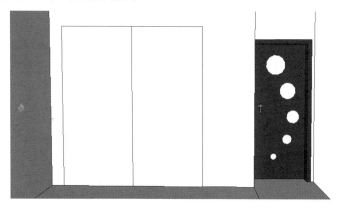

图 8.27　绘制门

（20）绘制金属门框。按 F 快捷键发出"偏移"命令，选择门面向内偏移 80mm 的距离，并将其赋予金属材质，如图 8.28 所示。

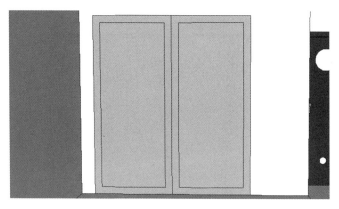

图 8.28　绘制金属门框

（21）拉伸门。按 P 快捷键发出"推/拉"命令，将左边的门框向内拉伸 20mm 的距离，右边的门框向内拉伸 40mm；将左边的门面向内拉伸 40mm 的距离，右边的门面向内拉伸 60mm 的距离，如图 8.29 所示。

图 8.29　拉伸门

（22）绘制等分线。右击门面左边的一条边线，选择"拆分"命令，将边线等分为 3 份，沿着等分点绘制如图 8.30 所示的等分线。

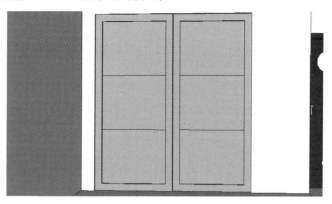

图 8.30 绘制等分线

（23）绘制细节。按 M 快捷键发出"移动"命令，按住 Ctrl 键不放，复制上面的两条等分线并向下偏移 40mm 的距离，复制下面的两条等分线并向上偏移 40mm 的距离，如图 8.31 所示。

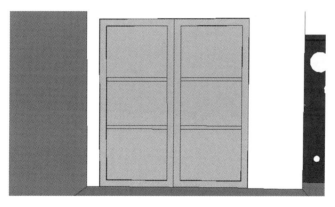

图 8.31 绘制细节

（24）按 P 快捷键发出"推/拉"命令，将绘制的 4 条 40mm 宽的边框向外拉伸 10mm 的距离，形成玻璃镶嵌在边框中的感觉，如图 8.32 所示。

图 8.32 拉伸边框

（25）赋予材质。将前面设置的玻璃材质赋予门面上下四块玻璃，如图 8.33 所示。按 B 快捷键发出"材质"命令，在"材料"面板中单击"创建材质"按钮，在弹出的"创建材质"对话框中输入材质名称为"glass2"，设置颜色为 R=200、G=255、B=190，滑动"不透明"滑块至 70，单击"确定"按钮，如图 8.34 所示。

图 8.33　赋予玻璃材质

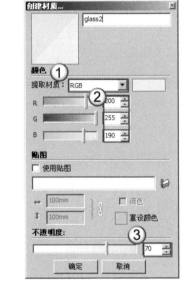

图 8.34　制作玻璃材质

8.2　建立房间立面

室内环境对人的重要性是不言而喻的，而立面设计往往可以反映整个室内空间设计的风格定位。本例中房间的立面包括：电视背景立面、沙发背景立面及餐厅的立面。在建模时要注意各个立面的造型和材质的区别，逐步进行细致绘制，使模型更加逼真。

8.2.1　绘制电视柜及背景立面

客厅是家人休闲及亲朋好友相聚的场所，而目前家庭娱乐的主要方式是看电视、看视频和唱卡拉 OK 等，于是，客厅的电视背景墙成了最吸引人们眼球的地方。在家装设计中，电视背景墙已成为设计中的"焦点"，也是体现主人个性化的一个标志。

（1）按 L 快捷键发出"直线"命令，在客厅的东立面上绘制如图 8.35 所示的两条线，然后按 P 快捷键发出"推/拉"命令，向内拉伸 100mm 的距离。

（2）选择凹进去的墙面，按 P 快捷键发出"推/拉"命令，按住 Ctrl 键不放，将墙面向外拉伸 3mm 的距离，并赋予玻璃材质，如图 8.36 所示。

（3）绘制电视柜。在如图 8.37 所示的位置按 R 快捷键发出"矩形"命令，绘制一个 100mm×1800mm 的矩形，再按 P 快捷键发出"推/拉"命令，向外拉伸 400mm 的距离。赋予电视柜相应的材质并将其创建为一个组件。

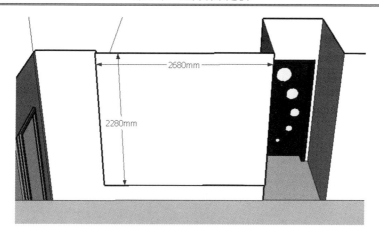

图 8.35　拉伸墙

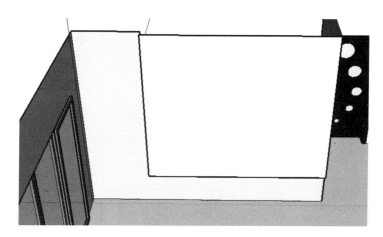

图 8.36　在墙上贴玻璃

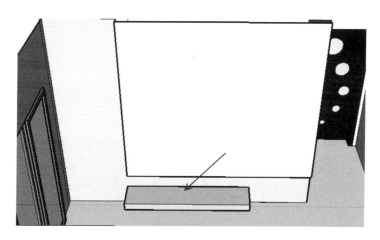

图 8.37　绘制电视柜

（4）绘制电视机。在电视背景墙上按 R 快捷键发出"矩形"命令，绘制一个 1100mm×500mm 的矩形，如图 8.38 所示，按 P 快捷键发出"推/拉"命令，将矩形向外拉伸 50mm 的距离。

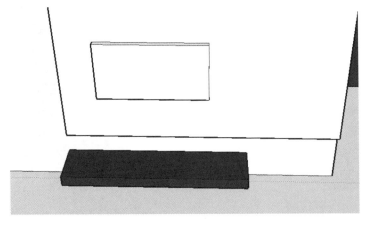

图 8.38 绘制电视机

（5）绘制电视机的细节。复制电视机左右两边的线并各向内偏移 80mm 的距离，形成电视机两旁的音响。选择面，按 F 快捷键发出"偏移"命令，将选择的面向内偏移 10mm 的距离形成电视机的包边。将音响的面向外拉伸 10mm 的距离，将显示器的面向内偏移 5mm 的距离，如图 8.39 所示。

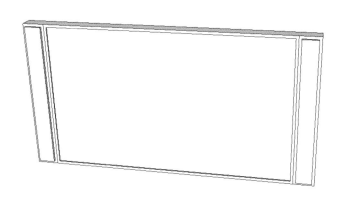

图 8.39 绘制电视机的细节

（6）设置电视边框材质。按 B 快捷键发出"材质"命令，在"材料"面板中单击"创建材质"按钮，在弹出的"创建材质"对话框中输入材质名称为 TV，设置颜色为 R=0、G=0、B=0，单击"确定"按钮，然后将材质赋予对象，如图 8.40 所示。

（7）设置音响材质。按 B 快捷键发出"材质"命令，在"材料"面板中单击"创建材质"按钮，在弹出的"创建材质"对话框中输入材质名称为"tv2"，设置颜色为 R=50、G=50、B=50，单击"确定"按钮，然后将材质赋予对象，如图 8.41 所示。

（8）电视贴图。按 B 快捷键发出"材质"命令，在"材料"面板中单击"创建材质"按钮，在弹出的"创建材质"对话框中输入材质名称为 tietu，勾选"使用贴图"复选框，在弹出的"选择图像"对话框中选择一张贴图，然后赋予对象，如图 8.42 所示。

（9）调节贴图位置。右击电视贴图，在右键菜单中选择"纹理"｜"位置"命令，调整贴图到适当的位置，如图 8.43 所示。再次右击贴图，在右键菜单中选择"完成"按钮，完成贴图坐标的调整，如图 8.44 所示。

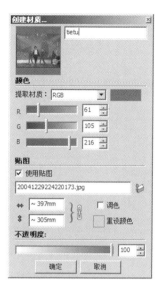

图 8.40　设置电视边框材质　　　图 8.41　设置音响材质　　　图 8.42　设置电视贴图

图 8.43　调节贴图位置

图 8.44　完成贴图

（10）右击电视背景墙左侧的一条边线，在右键菜单中选择"拆分"命令，将边线等分成 6 份。按 L 快捷键发出"直线"命令，绘制如图 8.45 所示的 5 条等分线。

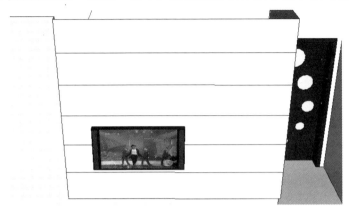

图 8.45　绘制等分线

（11）按 M 快捷键发出"移动"命令，按住 Ctrl 键不放，复制 5 条等分线并向两侧各偏移 25mm 的距离，然后删除中间的线，留下 50mm 的间距，如图 8.46 所示。

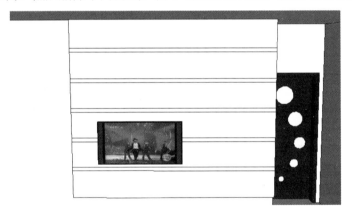

图 8.46　绘制间距

（12）按 P 快捷键发出"推/拉"命令，将绘制的 50mm 间距向内拉伸 100mm 的距离，如图 8.47 所示，形成具有立体感的造型。然后给其赋予一种黄色的材质。

图 8.47　拉伸造型

🔔**注意：** 电视背景墙往往需要凹凸的纹理，这样在室内射灯的照射下可以呈现出丰富的光影效果。这种手法常用于单调墙面的处理。

8.2.2 绘制沙发背景立面

本例中的沙发背景立面是在墙上离地 1000mm 的位置上开一个宽 800mm 的凹槽。凹槽上方的墙上设有三幅装饰画，对着主入口处设有一个屏风，用来遮挡视线。

（1）绘制凹槽。按 R 快捷键发出"矩形"命令，在西面墙面上绘制如图 8.48 所示的 3600mm×800mm 的矩形。按 P 快捷键发出"推/拉"命令，将凹槽向内推进 350mm 的距离，如图 8.49 所示。

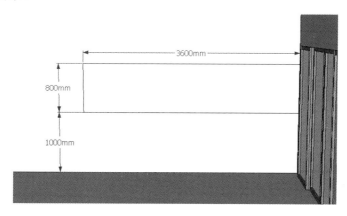

图 8.48 绘制凹槽

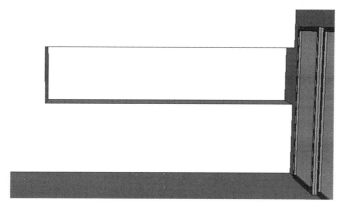

图 8.49 推入凹槽

（2）附背景贴图。按 B 快捷键发出"材质"命令，在"材料"面板中单击"创建材质"按钮，在弹出的"创建材质"对话框中输入材质名称为 shafa，勾选"使用贴图"复选框，在弹出的"选择图像"对话框中，选择一张贴图，然后赋予对象，如图 8.50 所示。

（3）调节贴图位置。右击背景贴图，在右键菜单中选择"纹理"｜"位置"命令，调节贴图到适当的位置，如图 8.51 所示。再次右击贴图，在右键菜单中选择"完成"命令，完成贴图坐标的调整，如图 8.52 所示。

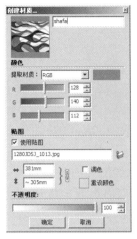

图 8.50　背景贴图

图 8.51　调节贴图位置

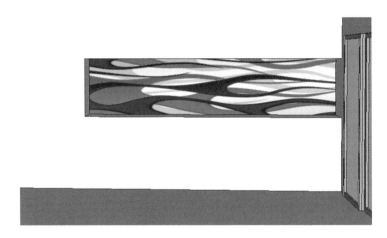

图 8.52　完成贴图绘制

（4）确定相框位置。按 T 快捷键发出"卷尺"命令，绘制如图 8.53 所示的 3 条辅助线。这是为了方便绘制相框，确定相框位置而绘制的辅助线。

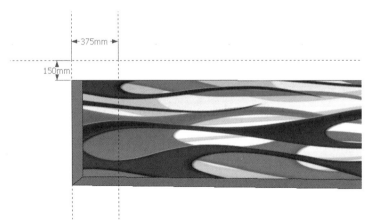

图 8.53　绘制辅助线

注意：3 个相框的排列要整齐有序，相框之间的距离要保持相等，因此在绘制辅助线前要先计算好距离。

（5）绘制相框。以辅助线的交点处为起点，按 R 快捷键发出"矩形"命令，绘制一个 450mm×450mm 的矩形，如图 8.54 所示。

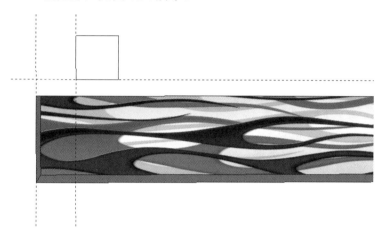

图 8.54　绘制相框

（6）绘制相框的边框。选择矩形，按 F 快捷键发出"偏移"命令，复制矩形并向右偏移 30mm 的距离。然后将门的材质赋予相框，如图 8.55 所示。

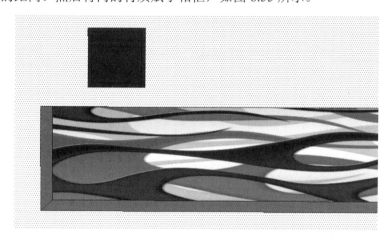

图 8.55　绘制相框的边框

（7）拉伸相框。按 P 快捷键发出"推/拉"命令，选择相框的边框并将其向外拉伸 20mm 的距离，如图 8.56 所示。

（8）设置贴画。按 B 快捷键发出"材质"命令，在"材料"面板中单击"创建材质"按钮，在弹出的"创建材质"对话框中输入材质名称为"hua1"，勾选"使用贴图"复选框，在弹出的"选择图像"对话框中选择一张贴图，然后赋予其材质，如图 8.57 所示。

（9）调节贴图位置。右击贴图，在右键菜单中选择"纹理"|"位置"命令，调节贴图到适当的位置，如图 8.58 所示。再次右击贴图，在右键菜单中选择"完成"命令，完成贴图坐标的调整，如图 8.59 所示。

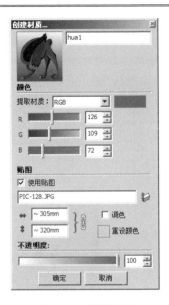

图 8.56　拉伸相框　　　　　　　　　　　图 8.57　设置贴画

图 8.58　调节位置

图 8.59　完成贴图绘制

（10）复制相框。选择相框并将其创建为一个组件。选择组件，按 M 快捷键发出"移动"命令，按住 Ctrl 键不放，将相框沿着绿色轴的方向复制两个并向右偏移，如图 8.60 所示。

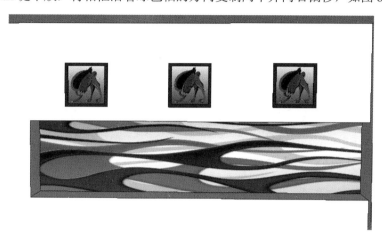

图 8.60　偏移并复制相框

（11）替换贴画。按 B 快捷键发出"材质"命令，在"材料"面板中单击"创建材质"按钮，在弹出的"创建材质"对话框中输入材质名称分别为"tiehua2""tiehua3"，勾选"使用贴图"复选框，在弹出的"选择图像"对话框中选择一张贴图，然后赋予对象，如图 8.61 和图 8.62 所示。

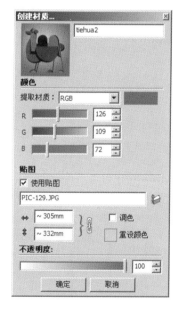
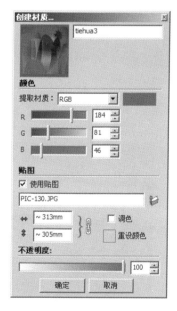

图 8.61　设置贴图 2　　　　　　　　图 8.62　设置贴图 3

（12）调整贴画的位置，最终的效果如图 8.63 所示。

（13）绘制屏风。按 R 快捷键发出"矩形"命令，在距离凹槽 200mm 的地方绘制一个 2300mm×800mm 的矩形，如图 8.64 所示。

（14）拉伸屏风。按 P 快捷键发出"推/拉"命令，将绘制的矩形向外拉伸 960mm 的距离，拉伸出屏风，如图 8.65 所示。

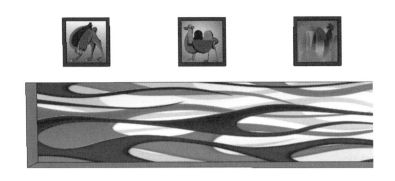

图 8.63　完成图

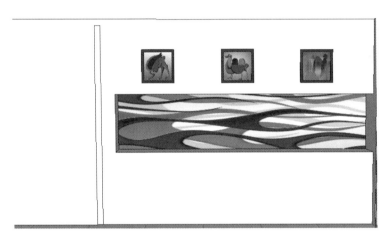

图 8.64　绘制屏风

图 8.65　拉伸屏风

（15）绘制边框。按 F 快捷键发出"偏移"命令，将屏风向内偏移 60mm 的距离，形成屏风的边框，如图 8.66 所示。然后选择内侧边框的一条边，将其等分成 3 份，再绘制等分线并将等分线偏移 30mm 的宽度，如图 8.67 所示。

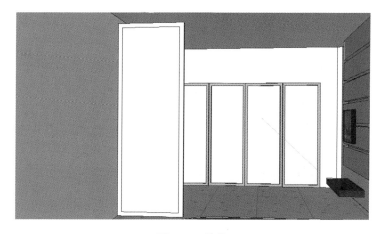

图 8.66　偏移

图 8.67　绘制边框

（16）使用前面制作的门的材质，将其赋予屏风，然后按 P 快捷键发出"推/拉"命令，将 3 块玻璃向内推进 20mm 的距离，如图 8.68 所示。

图 8.68　赋予材质

（17）将前面制作的两种玻璃材质赋予屏风中的玻璃，如图 8.69 所示。

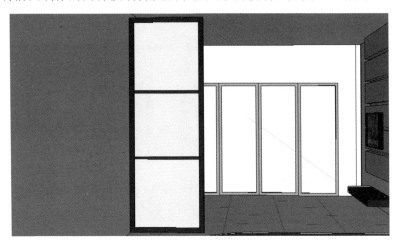

图 8.69 赋予玻璃材质

（18）使用同样的方法绘制屏风的另一面，完成整个屏风的制作，如图 8.70 所示。最后需要将屏风设置为群组，这样便于管理操作。

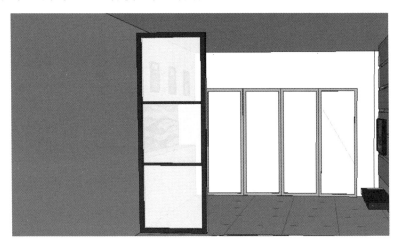

图 8.70 屏风

8.2.3 绘制餐厅立面

本例中为了将餐厅和客厅区分开，设计者将餐厅的地面进行了抬高处理，并且在材质上也进行了区分：客厅采用的是地板砖，餐厅采用木地板为材料。餐厅的东面墙壁采用镶嵌钢化玻璃的方式进行装饰。

（1）分割地面区域。首先按 L 快捷键发出"直线"命令，在地面上绘制如图 8.71 所示的两条线。然后按 T 快捷键发出"卷尺"命令，绘制如图 8.72 所示的两条辅助线，最后按 A 快捷键发出"圆弧"命令，在辅助线与分割线交点的位置绘制圆弧并删除多余的线。

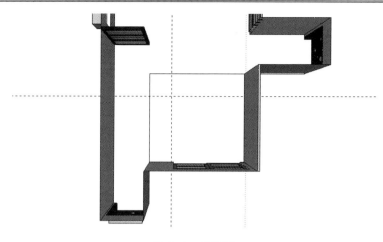

图 8.71　分割线

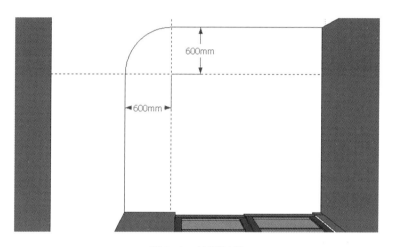

图 8.72　绘制细节

（2）拉伸地面。按 P 快捷键发出"推/拉"命令，选择绘制的地面将其向上拉伸 150mm 的距离，形成地面抬高的效果，如图 8.73 所示。

图 8.73　拉伸地面

（3）设置地砖材质。按 B 快捷键发出"材质"命令，在"材料"面板中单击"创建材质"按钮，弹出"创建材质"对话框。在其中输入材质名称为 dizhuan，勾选"使用贴图"复选框，在弹出的"选择图像"对话框中选择一张地砖贴图，调节尺寸为 800mm×800mm，然后赋予客厅地面，如图 8.74 所示。

（4）设置地板材质。按 B 快捷键发出"材质"命令，在"材料"面板中单击"创建材质"按钮，弹出"创建材质"对话框。在其中输入材质名称为 diban，勾选"使用贴图"复选框，在弹出的"选择图像"对话框中选择一张地板贴图，然后赋予客厅地面，如图 8.75所示。

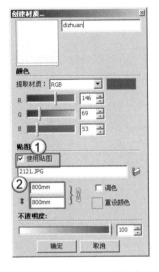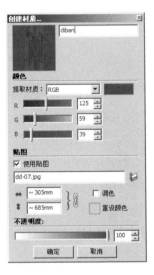

图 8.74　设置地砖材质　　　　　　图 8.75　设置地板材质

（5）拉伸出玻璃模型。选择餐厅东面的墙壁，按 P 快捷键发出"推/拉"命令，按住Ctrl 键不放，将墙面向外拉伸 60mm 的距离，如图 8.76 所示。

图 8.76　拉伸玻璃模型

（6）赋予材质。将前面制作的玻璃材质赋予拉伸出来的玻璃模型，如图 8.77 所示。

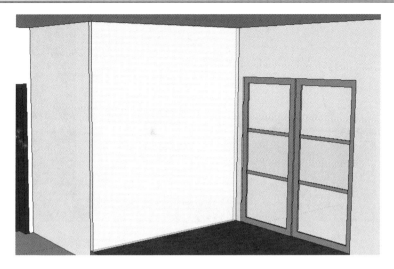

图 8.77　赋予材质

8.2.4　绘制主入口立面

　　本例中，在主入口的位置设置了一个内嵌式的鞋柜。这个鞋柜是兼做屏风的，即下面是鞋柜，上面是可摆放装饰品的屏风。

　　（1）确定位置。按 T 快捷键发出"卷尺"命令，绘制如图 8.78 所示的辅助线，确定鞋柜和整个屏风的高度。

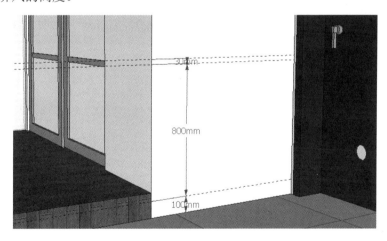

图 8.78　绘制辅助线

　　（2）绘制轮廓。按 L 快捷键发出"直线"命令，沿着辅助线绘制鞋柜的轮廓线，如图 8.79 所示。

　　（3）绘制柜腿。选择鞋柜下面的一条边线，将其等分为 6 份。然后按 L 快捷键发出"直线"命令，绘制 7 条宽度为 20mm 的柜腿，如图 8.80 所示。

　　（4）拉伸柜腿。选择柜腿之间的面，按 P 快捷键发出"推/拉"命令，将面向内拉伸300mm 的距离，如图 8.81 所示。

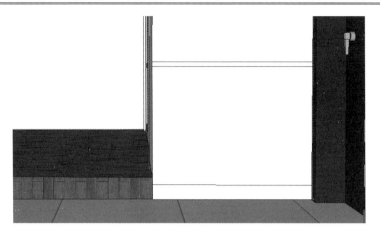

图 8.79　绘制轮廓

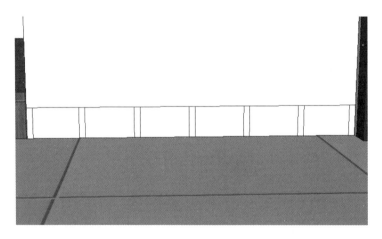

图 8.80　绘制柜腿

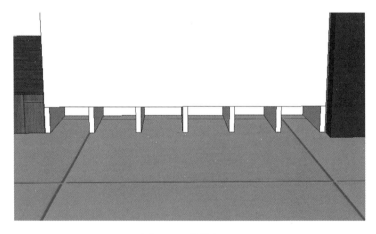

图 8.81　拉伸柜腿

（5）绘制柜门。按 L 快捷键发出"直线"命令，在柜子上连接一条中线，将柜子分割成两个面。然后按 F 快捷键发出"偏移"命令，分别将两个柜门向内偏移 20mm 的距离形成柜门的边框，如图 8.82 所示。

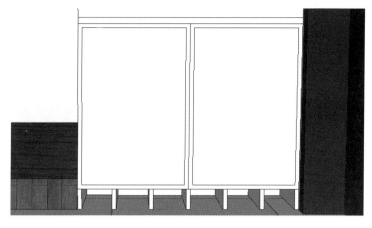

图 8.82　绘制柜门

（6）细化柜门。选择柜门的一条边线，将其等分为 20 份，再按 L 快捷键发出"直线"命令，绘制等分线，即柜门扇页的分割线，如图 8.83 所示。

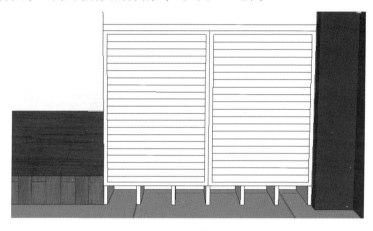

图 8.83　细化柜门

（7）拉伸扇页。按 P 快捷键发出"推/拉"命令，选择扇页的面，将扇页每隔一个向内推进 20mm 的距离，如图 8.84 所示，这样就形成了凹凸的立体感。

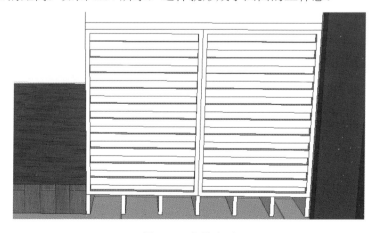

图 8.84　拉伸扇页

（8）绘制屏风。选择鞋柜上屏风的 3 条轮廓线，按 F 快捷键发出"偏移"命令，复制轮廓线并向内偏移 20mm 的距离形成屏风的边框。然后按 P 快捷键发出"推/拉"命令，将屏风向内拉伸 300mm 的距离，如图 8.85 所示。

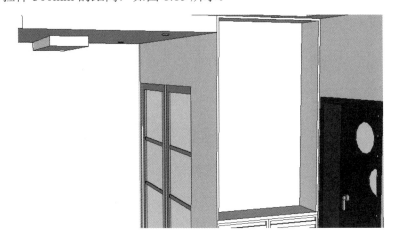

图 8.85　绘制屏风

（9）绘制线条。首先绘制横向线条，按 L 快捷键发出"直线"命令，绘制三条间隔 150mm、宽 20mm 的横向线条，然后绘制 5 条 20mm 宽的纵向线条，如图 8.86 所示。

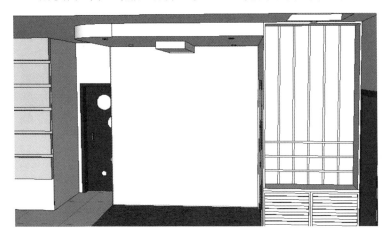

图 8.86　绘制线条

（10）拉伸线条。选择绘制的线条，按 P 快捷键发出"推/拉"命令，将其向外拉伸 20mm 的距离，如图 8.87 所示。

（11）将鞋柜顶部台面向外拉伸 40mm 的距离。

（12）将前面制作的门的材质赋予鞋柜及屏风，如图 8.88 所示。

（13）绘制玻璃模型。在鞋柜顶面即屏风底面绘制如图 8.89 所示的辅助线，内侧横向辅助线在木条线的外边缘。

（14）绘制模型轮廓。按 R 快捷键发出"矩形"命令，根据辅助线绘制一个 5mm×750mm 的矩形，如图 8.90 所示。

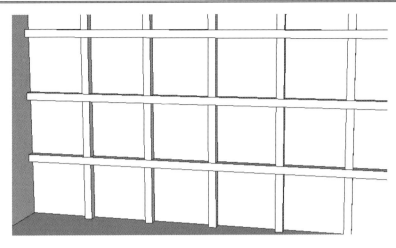

图 8.87　拉伸线条

图 8.88　赋予材质

图 8.89　绘制辅助线

图 8.90　绘制模型轮廓

（15）拉伸模型。将绘制的矩形向上拉伸 1600mm 的距离，将前面制作的玻璃材质赋予模型，然后删除重合的面，如图 8.91 所示。

图 8.91　玻璃模型

（16）制作广告钉。在玻璃模型的一角绘制一个半径为 10mm 的圆，赋予其金属材质，如图 8.92 所示。

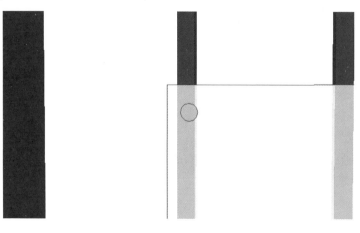

图 8.92　绘制广告钉

（17）按 P 快捷键发出"推/拉"命令，将圆向外拉伸 10mm 的距离并将其创建为一个组件，如图 8.93 所示。

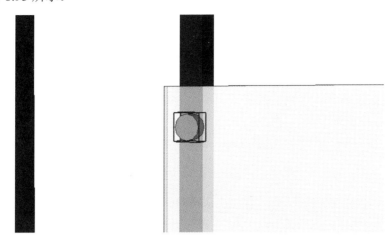

图 8.93　绘制广告钉的细节

（18）选择广告钉组件，按 M 快捷键发出"移动"命令，按住 Ctrl 键不放，复制 3 个广告钉组件并移动到玻璃模型的另外三个角上，然后调整位置，如图 8.94 所示。

图 8.94　复制广告钉

8.3　绘 制 吊 顶

在室内设计中我们可以通过吊顶来解决屋顶不在一个水平面的问题，以吊顶的造型达到空间，变化的效果还可以隐藏灯光，利用灯具的反射光来达到特殊的效果。因为吊顶的诸多或实用或装饰的作用，使得吊顶或部分吊顶在室内设计中被大量应用。本例中采用的是部分吊顶的形式，造型简单。客厅中是原顶扫白，没有吊顶。餐厅和主入口处做了简单的处理。

8.3.1 主入口吊顶

主入口的吊顶是在顶部开一个矩形的 180mm 深的凹槽，凹槽内放置灯管。建模时要将绘制的矩形凹槽向内推进一定的距离用来放置灯管。凹槽旁边靠近鞋柜的上方镶嵌有一个筒灯，筒灯的模型也要创建出来。

（1）绘制定位线。按 T 快捷键发出"卷尺"命令，绘制如图 8.95 所示的 4 条辅助线，即顶上矩形的具体位置。

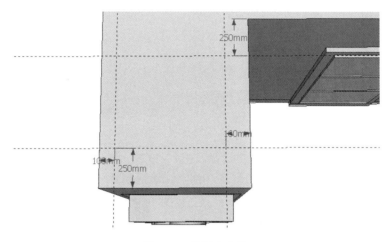

图 8.95　绘制定位线

（2）绘制凹槽。按 R 快捷键发出"矩形"命令，沿着辅助线绘制一个矩形，再按 P 快捷键发出"推/拉"命令，选择矩形并将其向上拉伸 180mm 的距离。这样在室内看，顶面就形成了一个深 180mm 的矩形凹槽，如图 8.96 所示。

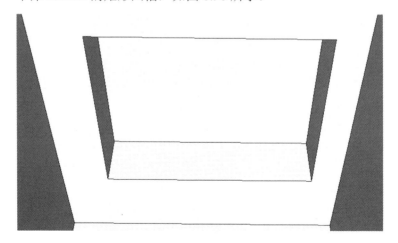

图 8.96　拉伸凹槽

（3）绘制中线。选择矩形凹槽的四条边线，按 M 快捷键发出"移动"命令，按住 Ctrl 键不放，复制矩形并沿着蓝色轴线向上移动 90mm 的距离，即在中点的位置，如图 8.97 所示。

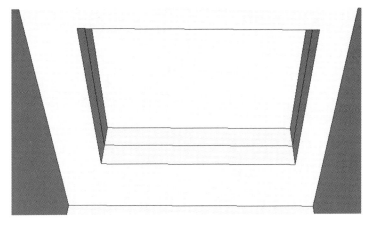

图 8.97　绘制中线

（4）拉伸灯槽。按 P 快捷键发出"推/拉"命令，选择中线上面的面，将其向内拉伸 150mm 的距离形成凹进的灯槽，如图 8.98 所示。

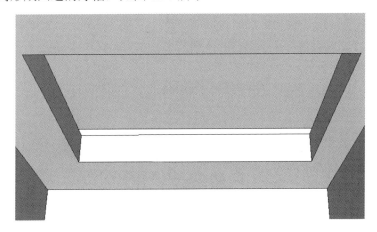

图 8.98　拉伸灯槽

（5）绘制筒灯。按 C 快捷键发出"圆"命令，绘制一个半径为 35mm 的圆。然后按 F 快捷键发出"偏移"命令，将圆向内偏移 10mm 的距离，如图 8.99 所示。

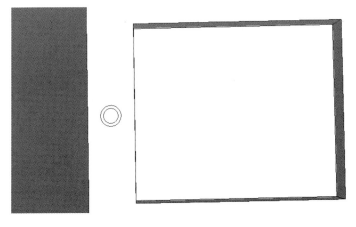

图 8.99　绘制筒灯

（6）拉伸筒灯。按 P 快捷键发出"推/拉"命令，将筒灯向下拉伸 10mm 的距离，如图 8.100 所示。

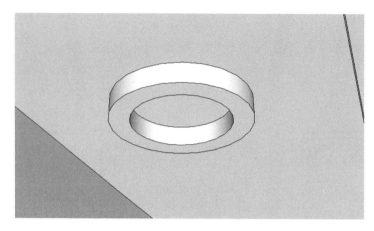

图 8.100　拉伸筒灯

（7）赋予材质。按 B 快捷键发出"材质"命令，在"材料"面板中单击"创建材质"按钮，在弹出的"创建材质"对话框中输入材质名称为 deng，设置颜色为 R=255、G=255、B=126，单击"确定"按钮，然后将材质赋予灯片，如图 8.101 所示。然后将前面制作的金属材质赋予灯罩，如图 8.102 所示，并将筒灯创建为一个组件。

图 8.101　灯片材质

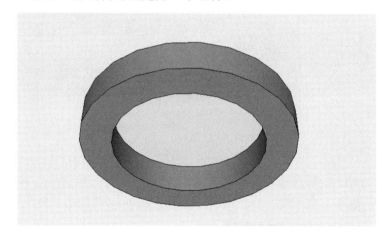

图 8.102　筒灯

注意：一般在室内场景中，筒灯数量用得较多，因此制作筒灯的方法是边创建边设置材质，制作完一个后立即成组，最后再进行大量的复制。

8.3.2　餐厅吊顶

本例中餐厅的吊顶是根据餐厅地面的形状来设计的，向下吊 150mm 的距离，与地面相呼应。在吊顶上还设计了一个矩形的二级吊顶，上面装有 3 个吊灯，四周设置了 4 个筒灯。

（1）绘制吊顶造型。在餐厅顶面，根据餐厅地面的形状及尺寸使用"直线"工具和"圆弧"工具绘制如图 8.103 所示的吊顶造型。

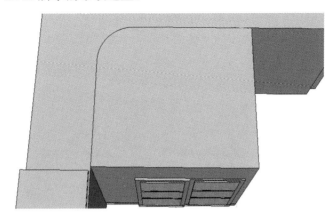

图 8.103　绘制吊顶

（2）拉伸吊顶。按 P 快捷键发出"推/拉"命令，将吊顶向下拉伸 150mm 的距离，如图 8.104 所示。吊顶就是通过 SketchUp 中简单的推/拉工具完成的。

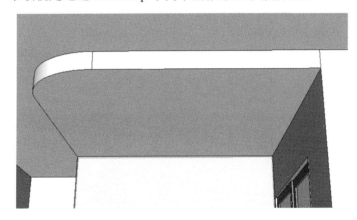

图 8.104　拉伸吊顶

（3）绘制二级吊顶。在距离餐厅南面墙面 1000mm 距离处，按 R 快捷键发出"矩形"命令，绘制一个 1515mm×400mm 的矩形并将其向下拉伸 100mm 的距离，如图 8.105 所示。

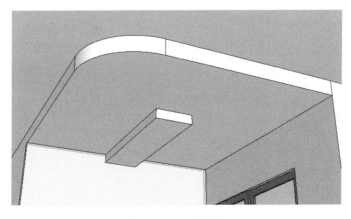

图 8.105　二级吊顶

（4）设置筒灯。按 T 快捷键发出"卷尺"命令，绘制四条辅助线来确定 4 个筒灯的位置。然后选择前面制作的筒灯，按 M 快捷键发出"移动"命令，按住 Ctrl 键不放，复制 4 个筒灯并移动到辅助线的位置，如图 8.106 所示。

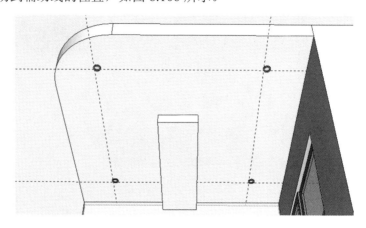

图 8.106 设置筒灯

（5）设置走道的筒灯。按 M 快捷键发出"移动"命令，按住 Ctrl 键不放，复制一个筒灯并移动到走道的顶部中间，如图 8.107 所示。

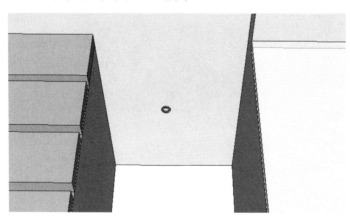

图 8.107 走道筒灯

8.4 加入家具组件

人们的生活和工作离不开家具。家具既以满足生活需要为目的，又以追求视觉表现为主要特征，在人们生活和工作中扮演着重要的角色。

家具在室内设计中占有十分重要的地位，它在很大程度上能够实现室内空间的再创造。通过家具的不同组合和设计，可以营造出全新的室内空间感，甚至可以在一定程度上弥补不足。

室内空间大致建立完成后，就该向室内摆放家具了。有些简单的家具可以在建立室内空间时自己创建出来。但 SketchUp 不容易建立曲面，因此复杂的家具模型就需要导入组件了。

本例中的室内家具已经制作成组件，读者可以从本书的配套下载资源中复制过来。当然也可以根据自己的需要，使用 SketchUp 制作家具。

（1）选择菜单栏的"窗口"｜"默认面板"｜"组件"命令，将配套下载资源的组件复制到 SketchUp 安装目录的组件目录 Components 路径下，如图 8.108 所示。

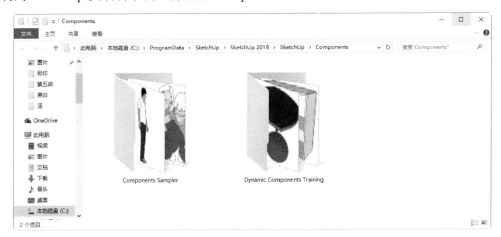

图 8.108　组件

🔔注意：SketchUp 的默认安装路径是"C:\ProgramData\SketchUp\SketchUp2018\SketchUp\
　　　　Components"，对计算机操作不太熟练的读者请不要更改安装目录。另外要说明
　　　　的是，SketchUp 安装路径可以出现中文文件名称。平时建好的模型，可以制作成
　　　　组件保留下来，以备日后使用。组件应当分门别类复制到"C:\ProgramData\
　　　　SketchUp\SketchUp2018\SketchUp\Components"目录中，如图 8.109 所示。

图 8.109　组件目录

（2）选择菜单栏的"窗口"｜"默认面板"｜"组件"命令，在弹出的"组件"面板中，选择组合灯组件然后将其放到客厅顶部的适当位置上，如图 8.110 所示。

图 8.110　组合灯

（3）选择菜单栏的"窗口"｜"默认面板"｜"组件"命令，在弹出的"组件"面板中选择沙发组件，然后将其放到客厅的适当位置上，如图 8.111 所示。

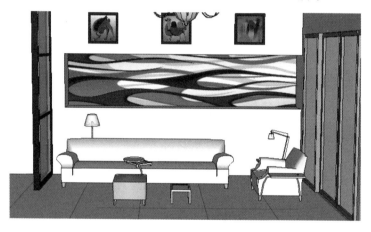

图 8.111　添加沙发

（4）选择菜单栏的"窗口"｜"默认面板"｜"组件"命令，在弹出的"组件"面板中选择植物组件，然后将其放到沙发旁的适当位置上，如图 8.112 所示。

图 8.112　添加植物

（5）选择菜单栏的"窗口"｜"默认面板"｜"组件"命令，在弹出的"组件"面板中选择音响组件，然后将其放置到场景中的适当位置上，如图 8.113 所示。

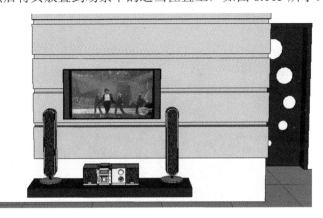

图 8.113　添加音响

（6）选择菜单栏的"窗口"｜"默认面板"｜"组件"命令，在弹出的"组件"面板中选择装饰物组件，然后将其放置到场景中的适当位置上，如图 8.114 所示。

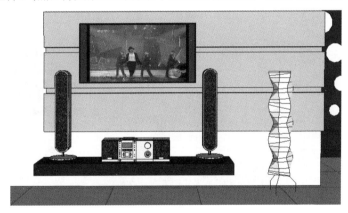

图 8.114　添加装饰物

（7）选择菜单栏的"窗口"｜"默认面板"｜"组件"命令，在弹出的"组件"面板中选择吊灯组件，然后将其放置到餐厅顶部的适当位置上，如图 8.115 所示。

图 8.115　添加吊灯

（8）选择菜单栏的"窗口"｜"默认面板"｜"组件"命令，在弹出的"组件"面板中选择餐桌组件，然后将其放置到餐厅中的适当位置上，如图 8.116 所示。

图 8.116　添加餐桌

（9）选择菜单栏的"窗口"｜"默认面板"｜"组件"命令，在弹出的"组件"面板中，选择盆栽组件，然后将其放置到鞋柜的适当位置上，如图 8.117 所示。

图 8.117　添加盆栽

（10）选择菜单栏的"窗口"｜"默认面板"｜"组件"命令，在弹出的"组件"面板中选择小装饰组件，然后将其放置到客厅背景墙的凹槽中的适当位置上，如图 8.118 所示。

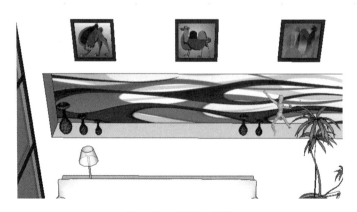

图 8.118　添加小装饰

至此，整个室内的场景创建就完成了，最终的效果如图 8.119 所示。然后调整视角，检查模型的正确性。

图 8.119　最终的效果图

第9章 建 筑 设 计

SketchUp 作为一种方便易用且功能强大的三维建模软件，一经推出就在建筑设计领域得到了广泛的应用。其快速成型、易于编辑、直观的操作和表现模式尤其有助于建筑师对方案的设计推敲。同时，其实时的材质、光影表现也可以更为直观地体现视觉效果。可以说，这是一款为建筑师量身定制的三维辅助设计软件。

本章将依据已有的二维建筑图纸进行三维建模，使用 SketchUp 软件快速展现建筑师精心设计的建筑方案。

9.1 一层主体设计

本节根据本书配套下载资源中的建筑 CAD 图纸，使用 SketchUp 软件进行三维建模。模型的细化工作在后面的内容中会详细介绍。

9.1.1 导入 CAD 图形文件

这是一栋中型别墅，设计师要制作一个三维模型来展示这栋别墅。本书配套下载资源中提供的图纸有各层平面图、各层立面图及一些剖面图和节点大样图。

（1）预处理 CAD 文件。打开本书配套下载资源提供的由 AutoCAD 绘制的 DWG 图纸文件，用多段线命令将建筑轮廓描绘出来并用写块命令将其导出，导出时注意修改单位为 mm。

（2）导入文件。打开 SketchUp，选择"文件"｜"导入"命令，在弹出的"导入"对话框中选择上一步的 DWG 格式文件，单击"选项"按钮，弹出"导入 AutoCAD DWG/DXF 选项"对话框。在"单位"下拉列表框中选择"毫米"为单位，单击"确定"按钮，单击"导入"按钮完成导入，如图 9.1 和图 9.2 所示。

🔔注意：导入的单位一定要修改为 mm，因为在建筑制图中均是以 mm 为单位进行绘图的。

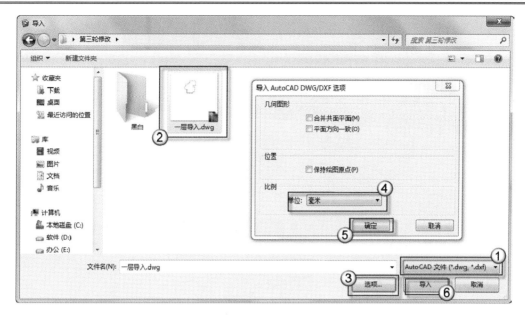

图 9.1　导入选项

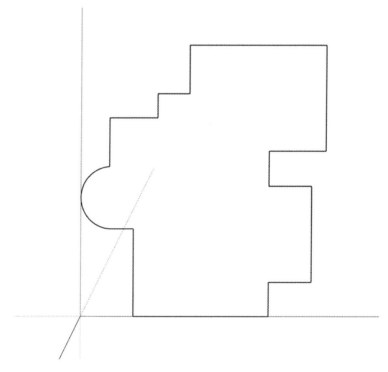

图 9.2　导入建筑轮廓

9.1.2　拉出一层主体

处理导入的 CAD 图形，使之生成面，然后使用"推/拉"工具将这个面生成建筑的一层主体，具体操作如下：

（1）预处理。右击导入的建筑轮廓线，选择"炸开模型"命令，将整体对象分解以便继续操作。按 L 快捷键发出"直线"命令，沿任意一条边描一遍，SketchUp 即会自动生成一个平面，如图 9.3 所示。

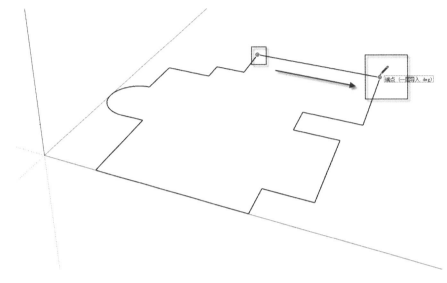

图 9.3　导入文件

（2）向上推拉出一层。观察图纸得知一层层高为 3600mm。按 P 快捷键发出"推/拉"命令，将平面向上拉出 3600mm 的高度，如图 9.4 所示。

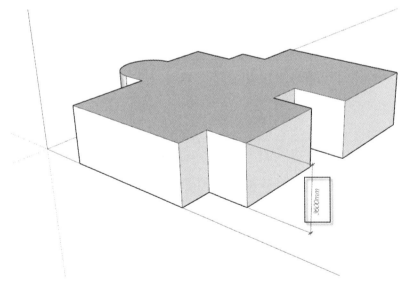

图 9.4　向上推拉出一层

（3）向下推拉出地下一层。观察图纸得知一层到地坪的距离为 1000mm。按 P 快捷键发出"推/拉"命令，按住 Ctrl 键不放，将平面向下拉出 1000mm 的高度，如图 9.5 所示。

注意：此处一定要按住 Ctrl 键不放，这样在 Z 轴向为 0 的位置也会生成一个面，这个面就是建筑专业中的正负零平面。

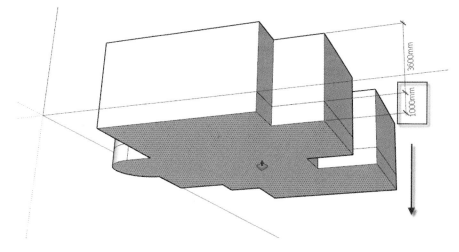

图 9.5　向下推拉出地下一层

（4）设置并赋予外墙材质。按 B 快捷键发出"材质"命令，在"材料"面板中单击"创建材质"按钮，在弹出的"创建材质"对话框中输入材质名称为"外墙"，设置颜色为 R=255、G=247、B=241，单击"确定"按钮，如图 9.6 所示。将材质赋予相应的对象，如图 9.7 所示。

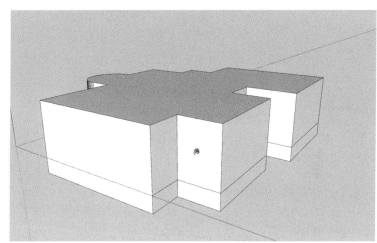

图 9.6　设置并赋予外墙的材质　　　　　　图 9.7　赋予材质后的建筑主体

9.2　门　窗　设　计

门窗是建筑物的两个重要的围护部件。门在房屋建筑中的作用主要是供人们通行并分隔房间，还兼采光和通风；窗的作用主要是采光、通风及眺望。在设计门窗时，必须根据有关规范和建筑的使用要求来决定其形式及尺寸，并应符合现行的《建筑模数协调统一标准》的要求，降低成本并适应建筑工业化生产的需要。

9.2.1　单开门

由于多个门样式相似，因此可以先创建组件，然后小幅度修改就可以将其用在模型的各个地方，以减少工作量，并为修改与调整提供便利。具体操作如下：

（1）绘制单开门轮廓。按 R 快捷键发出"矩形"命令，在门所在的墙面大致绘制出一个矩形框，如图 9.8 所示。输入"2400，1000"并按 Enter 键确认，这就是宽为 1000mm、高为 2400mm 的门洞。

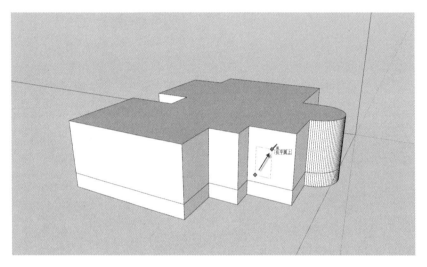

图 9.8　绘制门轮廓

（2）创建单开门组件。用选择工具单击刚刚画出的矩形面，按 G 快捷键发出"创建组件"命令，按照图 9.9 中所示设定组件。

注意：一定要勾选"切割开口"复选框。这样操作可以自动在墙上挖出门洞，以便于接下来重复利用该组件。

（3）编辑组件。双击组件进入组件编辑界面。为减少干扰，选择"视图"|"组件编辑"|"隐藏剩余模型"命令，只显示当前编辑的组件。按 P 快捷键发出"推/拉"命令，将门向后推出 100mm 的厚度，然后删除外侧的面，如图 9.10 和图 9.11 所示。

（4）制作门框。按 F 快捷键发出"偏移"命令，选择底面并向内偏移 100mm，按 Enter 键确认。按 P 快捷键发出"推/拉"命令，将内侧门板再次向里推 40mm，如图 9.12 和图 9.13 所示。

图 9.9　组件设置

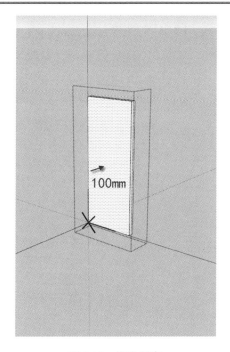

图 9.10　推出厚度

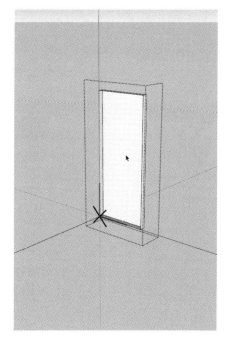

图 9.11　删除外侧的面

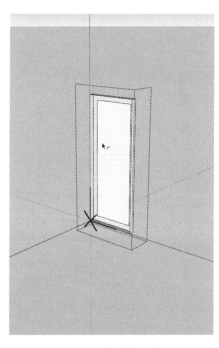

图 9.12　偏移出门框

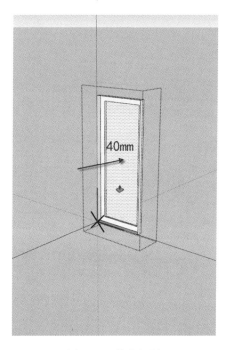

图 9.13　推出门板

（5）制作材质。在"材料"面板中单击"创建材质"按钮，如图 9.14 所示。在弹出的"创建材质"对话框中输入材质名称为"门框"，设置颜色为 R=156、G=44、B=12，单击"确定"按钮，如图 9.15 所示。再新建一个门的材质，输入材质名称为"门"，设置颜色为 R=255、G=87、B=25，单击"确定"按钮，如图 9.16 所示。

图 9.14　新建材质　　　　图 9.15　创建门框材质　　　　图 9.16　创建门材质

（6）赋予材质。按 B 快捷键发出"材质"命令，分别选取门和门框的材质并将其赋予相应的对象，如图 9.17 所示。

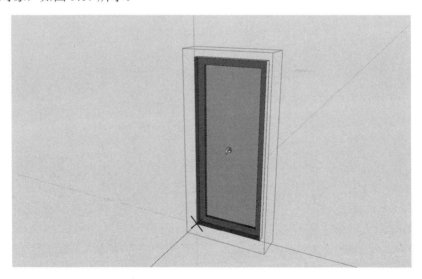

图 9.17　将材质赋予相应对象

（7）添加细节。在门上使用"矩形"工具绘制出一些大小合适的方块细节，并用"推/拉"工具将其拉伸出一定的厚度，如图 9.18 所示。至此已经完成单开门组件的制作。按 Esc 键退出组件制作的步骤。

（8）确定门的位置。建筑的一层外围一共有两个单开门。将其左下角点的位置确定下来以便于放置门组件。按 T 快捷键发出"卷尺工具"命令，从墙边线拉出一条距墙面 120mm 的辅助线，由于该门的下边线与已经画出的轮廓线重合，可以不用画下边线的位置，如图 9.19 所示。再用同样的方法确定另一个门的位置，如图 9.20 所示。

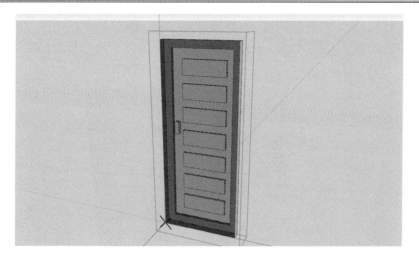

图 9.18　适当添加细节

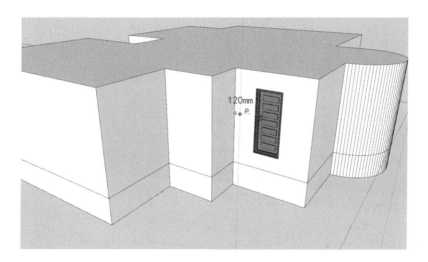

图 9.19　确定门的位置

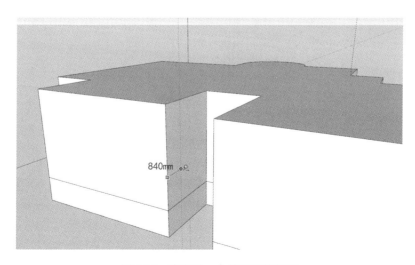

图 9.20　确定另一个单开门的位置

（9）放置门。选中门组件，按 M 快捷键发出移动命令，单击门的左下角点，屏幕提示这是门组件的原点，将其拖曳到刚才确定的位置上再次单击以放置门组件，如图 9.21所示。

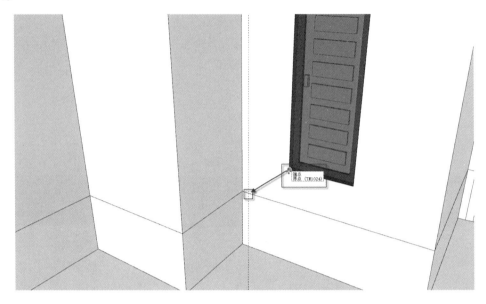

图 9.21　将组件移动到相应的位置

另一个门的尺寸与这个门不完全一致，但是样式是相同的，可以通过小幅度修改后将现有的门拿到别处复用。因此这里将这个门先复制一份，具体方法如下：

选中门组件，按 M 快捷键发出移动命令，按 Ctrl 键切换到复制模式，单击门的左下角点，屏幕提示这是门组件的原点，将其拖曳到另一个门的位置上再次单击以放置门组件，如图 9.22 所示。

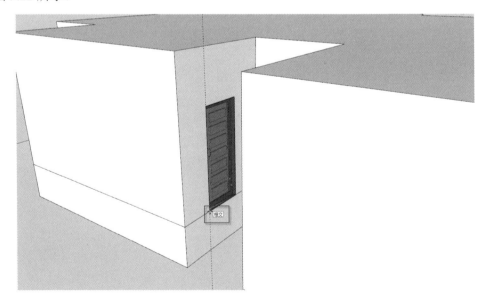

图 9.22　复制组件

（10）定义新组件。右击组件，在右键菜单中选择"设定为唯一"命令，在"图元信息"面板的定义输入框中输入 M0921，即门的编号，如图 9.23 所示。

（11）修改组件。如图 9.24 所示，框选门右侧的所有线段，用"移动"工具将其向红轴负方向移动100mm。

调整门上的细节，删除最上面的凸起，将门把手向下移动到合适的位置，以便于空出空间调整门上框的位置，如图 9.25 所示。

与调整门右侧门框的方式类似，框选门上面的线段，将其向下移动 300mm 以完成对门尺寸的修改，如图 9.26 所示。

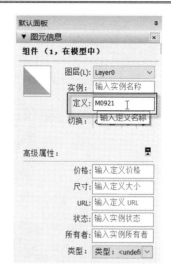

图 9.23　将组件设为唯一并修改定义

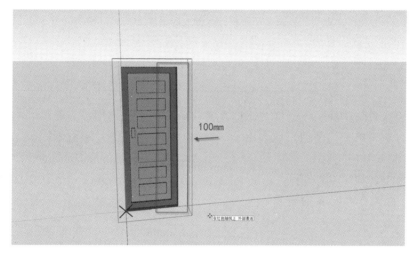

图 9.24　将门右侧线向左移动

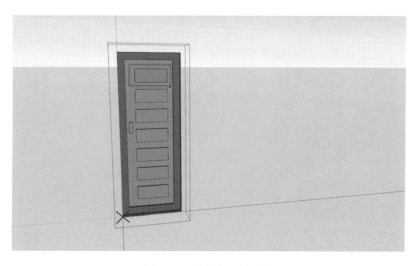

图 9.25　删除多出的凸起

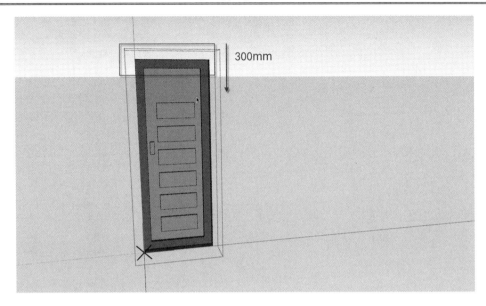

图 9.26　将门上侧线向下移动

9.2.2　双开门

双开门的样式与单开门不一样，不能直接将单开门拿来使用，需要另外制作组件。双开门的制作方法与单开门类似，但多出了一部分，因此制作方法略有不同。

（1）绘制双开门轮廓。按 R 快捷键发出"矩形"命令，在门所在的墙面大致位置绘制出一个矩形框，如图 9.27 所示。输入"2400，1200"并按 Enter 键确认，这就是一个宽为 1200mm、高为 2400mm 的门洞。

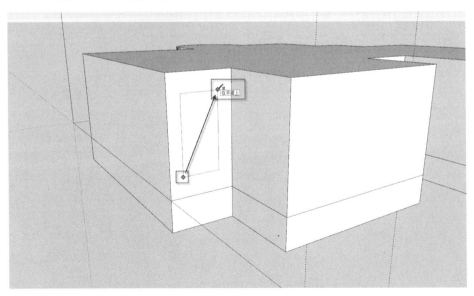

图 9.27　画出门轮廓

（2）创建双开门组件。用选择工具选择刚刚画出的矩形面，按 G 快捷键发出"创建组件"命令，按照图 9.28 中所示设定组件。

（3）编辑组件。双击组件进入组件编辑界面。从左下到右上随意画一个矩形以创建一个平面，以便于在该平面上绘制门部件的尺寸，如图 9.29 所示。

（4）绘制门楣的平面形状。用直线工具依照 CAD 图纸绘制出门楣的形状并删除多余的边线，如图 9.30 和图 9.31 所示。

图 9.28　创建组件

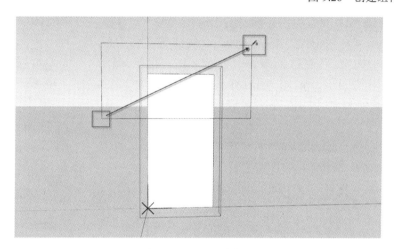

图 9.29　绘制一个矩形

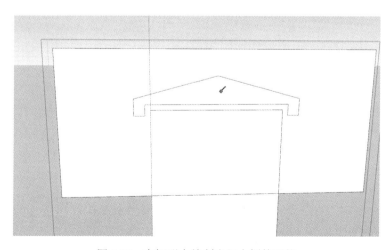

图 9.30　在矩形上绘制出门上框的形状

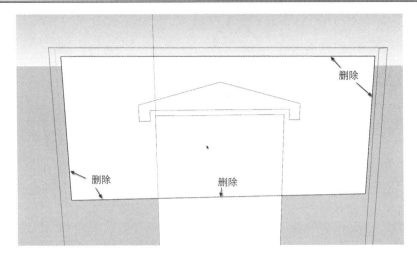

图 9.31　删除多余的边线

（5）制作材质。在"材料"面板中单击"创建材质"按钮，在弹出的"创建材质"对话框中输入材质名称为"木框"，勾选"使用纹理图像"复选框，在弹出的"选择图像"对话框中选择一张贴图，单击"确定"按钮，如图 9.32 所示。将木框材质赋予相应对象，如图 9.33 所示。

（6）拉伸出厚度。按照图 9.34 所示，将门的上下两部分分别向外和向内拉伸出 100mm，然后删除门外侧的面，如图 9.35 所示。

（7）绘制门框。用"直线"工具连接门内侧上下两条边的中点，如图 9.36 所示。再用"偏移"工具将门框偏移出 80mm，然后用"推/拉"工具将两侧中间的门板向里推入 40mm，如图 9.37 所示。

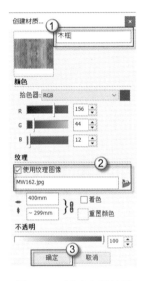

图 9.32　创建木框材质

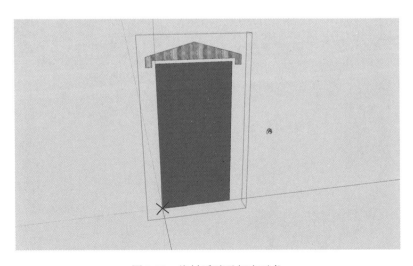

图 9.33　将材质赋予相应对象

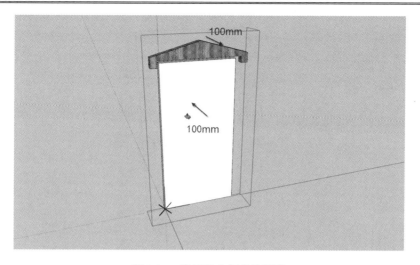

图 9.34　将门拉出相应的厚度

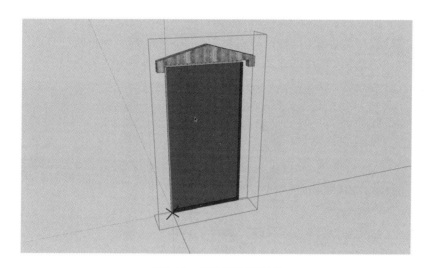

图 9.35　删除门外侧的面

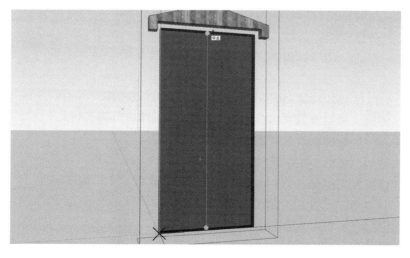

图 9.36　连接门内侧上下的中点

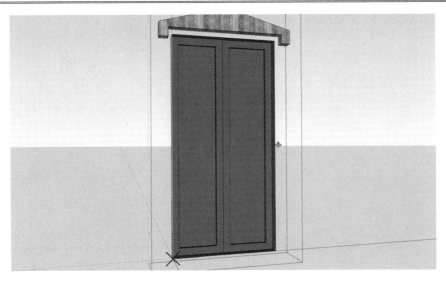

图 9.37 偏移出门框并推出一定厚度

（8）赋予材质并添加细节。将门材质赋予门两侧的门板，然后绘制一些细节并用"推/拉"工具拉出一定的厚度，如图 9.38 所示。

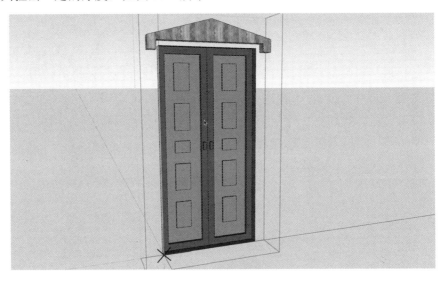

图 9.38 赋予相应材质并添加细节

（9）确定双开门的位置。和单开门一样，建筑一层的外围一共有两个单开门。将其左下角点的位置确定下来以便放置门组件。用"卷尺"工具拉出两条辅助线，如图 9.39 所示。然后用移动工具将门移动过去，如图 9.40 所示。

（10）重新切割平面。将门移动过来后发现门的下部被遮挡，这是因为组件的切割开口功能不能跨越分界线进行分割，因此需要进行手动分割。按 R 快捷键发出"矩形"命令，按照图 9.41 所示绘制一个矩形，然后按照图 9.42 所示删除上部的线段便可完成分割。

（11）复制组件。按照 CAD 图纸，用"卷尺"工具确定另一个门的位置，将做好的双开门用"移动"工具移动到另一个门所在的位置，并按照上一步的步骤重新切割平面，如图 9.43 所示。

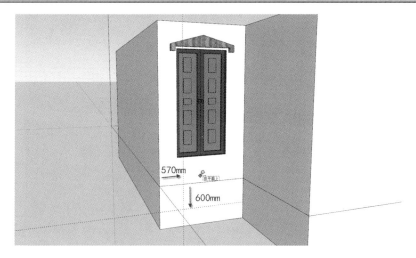

图 9.39　确定门的位置

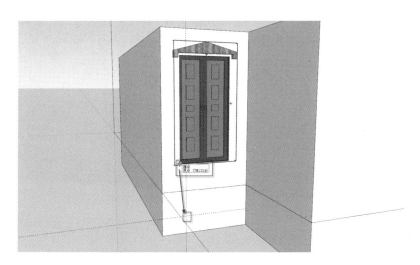

图 9.40　将门移动到相应的位置

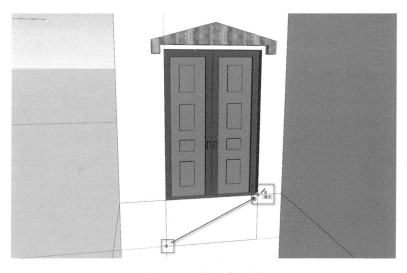

图 9.41　重新切割平面

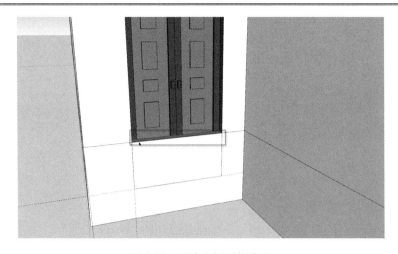

图 9.42　删除分割面的线段

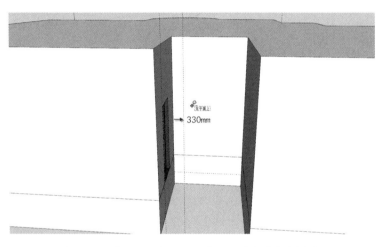

图 9.43　确定另一个双开门的位置并将其复制过来

（12）定义新组件。由于该双开门与之前的双开门尺寸不一致，所以需要修改组件。右击组件，在右键菜单中选择"设定为唯一"命令，在"图元信息"卷展栏的"定义"输入框中输入 TM1524，即新门的编号，如图 9.44 所示。

（13）修改组件。框选门右侧的所有线段，用"移动"工具将其向红轴方向移动 300mm，如图 9.45 所示。再框选门中间的线段，将其向右移动 150mm，如图 9.46 所示。完成后，单击空白处退出组件编辑界面。

图 9.44　修改定义

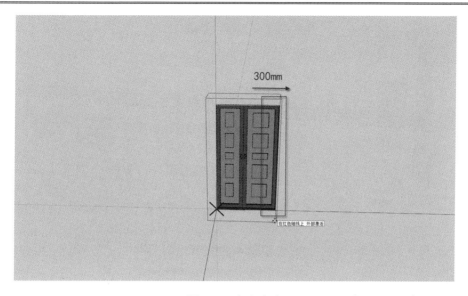

图 9.45　向右移动

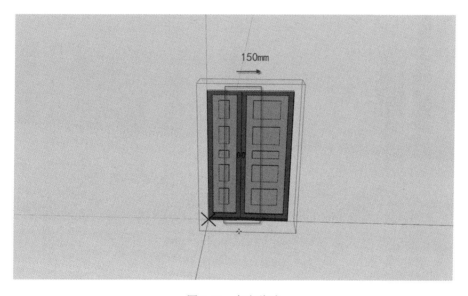

图 9.46　向右移动

9.2.3　卷闸门

卷闸门又称为"卷帘门"，是将很多活动的门片串联在一起，在固定的滑道内以门上方卷轴为中心可以上下转动的门。卷闸门多用于商铺门面、车库、商场、医院等公共场所或住宅中。

（1）绘制参考线。用"卷尺"工具绘制出卷闸门各部分的参考线，如图 9.47 所示。用"两点圆弧"工具绘制出卷闸门的上边框，如图 9.48 所示。用"直线"工具沿逆时针方向绘制出卷闸门左、右、下三侧的轮廓线，如图 9.49 所示。

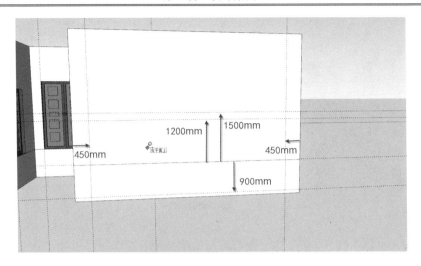

图 9.47　绘制卷闸门参考线

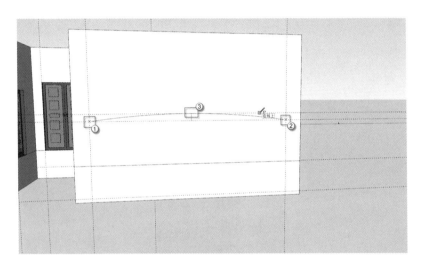

图 9.48　绘制卷闸门的上边框

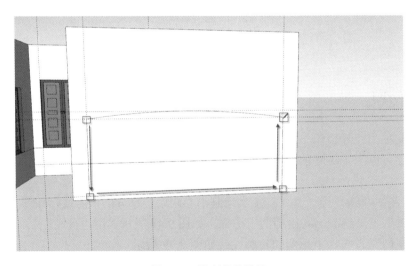

图 9.49　绘制其他边线

（2）删除中间的横线。为了便于接下来一系列的操作，使用"擦除"工具将卷闸门中间的横线删除，如图 9.50 所示。

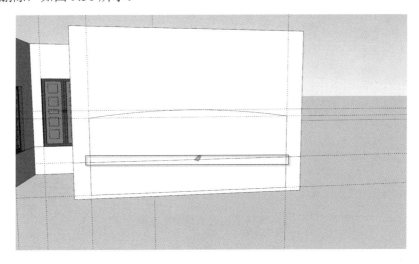

图 9.50　删除中间的横线

（3）创建群组。用"推/拉"工具将卷闸门向里推入 100mm，如图 9.51 所示。然后选中这个面，选择菜单栏的"编辑"|"创建群组"命令。

注意：这里不使用创建组件的原因是卷闸门只有一个，使用创建群组更加方便、快捷。

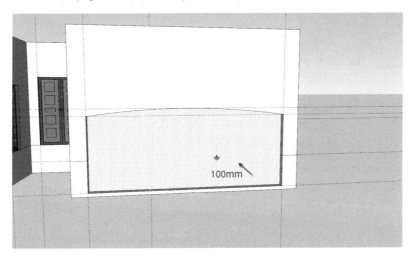

图 9.51　将门向里推入

（4）划分横条。双击群组进入群组编辑模式，选中底部边线，按住 Ctrl 键不放，用"移动"工具将其向上复制，然后输入"/30"即可划分出门上的横条，如图 9.52 和图 9.53 所示。

注意："/30"表示在起始点与终止点之间，以 30 等分的距离进行划分。

（5）制作凸起。删除多余的边线，用"擦除"工具将门上部多出的线段删除，如图 9.54 所示。然后使用"推/拉"工具将门上已划分出的横条每隔一行拉出一个条状凸起，如图 9.55 所示。

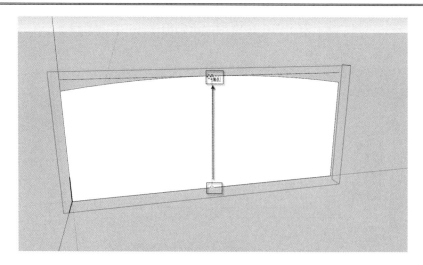

图 9.52　将底部边线向上复制

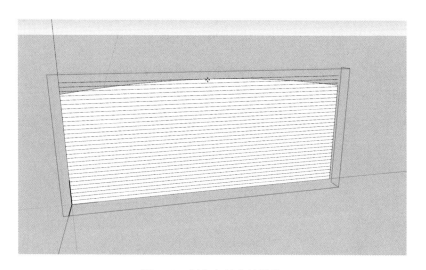

图 9.53　划分出门上的横条

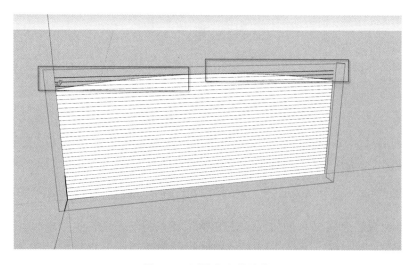

图 9.54　删除多余的边线

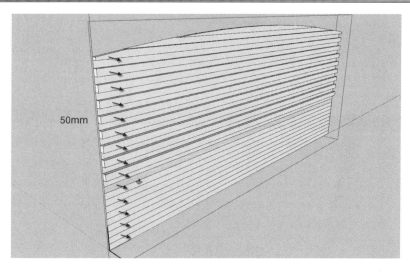

图 9.55　制作门的凸起

（6）创建并赋予材质。创建金属材质，在"材料"面板中单击"创建材质"按钮，在弹出的"创建材质"对话框中输入材质名称为"金属"，设置颜色为 R=100、G=113、B=122，单击"确定"按钮，如图 9.56 所示。然后需要将制作好的材质赋予卷闸门，按 Ctrl+A 快捷键全部选中卷闸门，用"材质"工具为其添加材质，赋予材质后的卷闸门如图 9.57 所示。

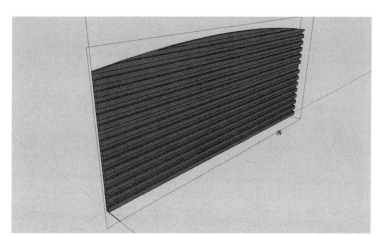

图 9.56　创建材质　　　　　　　　　　　图 9.57　赋予金属材质

9.2.4　推拉窗

制作窗户和制作门的方法类似，也是先创建组件，经过小幅度修改后将其用在整个模型的各个部分。

（1）绘制推拉窗轮廓。按 R 快捷键发出"矩形"命令，在门所在的墙面大致绘制出一个矩形框，如图 9.58 所示。输入"1200，900"，按 Enter 键确认，这就是一个宽为 1200mm、高为 900mm 的窗洞。

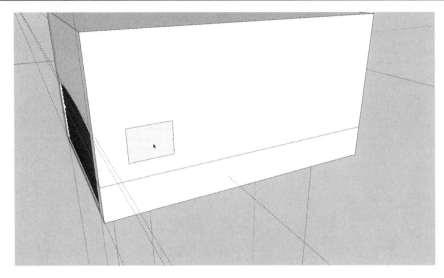

图 9.58　画出窗轮廓

　　（2）创建推拉窗组件。选择刚绘制出的矩形面，按 G 快捷键发出"创建组件"命令，按照图 9.59 中所示设定组件。

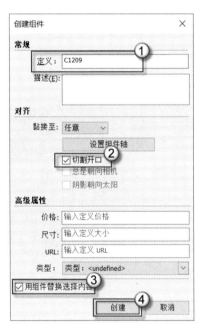

图 9.59　创建组件

　　（3）编辑组件。双击组件进入组件编辑界面。从左下到右上随意画一个矩形创建一个平面，以便于在该平面上画出窗的其他部件，如图 9.60 所示。

　　（4）绘制窗的其他组件。在绘制的矩形平面上绘制窗户的立面线框，具体数据见本书配套下载资源内的 CAD 图纸，如图 9.61 所示。

　　（5）推拉出厚度。先将之前绘制的框删掉，如图 9.62 所示，然后将窗户的各个部分的厚度推拉出来，如图 9.63 所示。

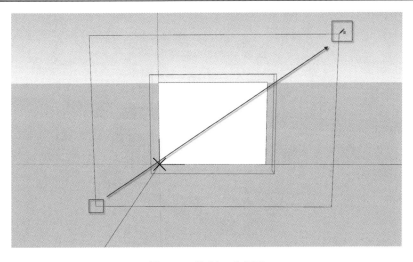

图 9.60　绘制一个矩形

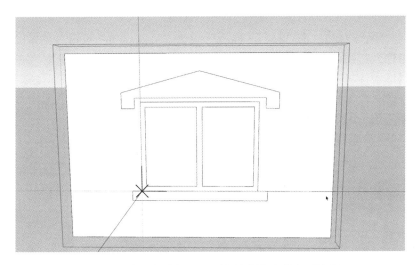

图 9.61　在绘制的矩形平面上绘制窗户的立面线框

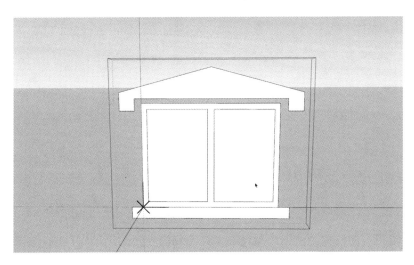

图 9.62　删除多余的线条

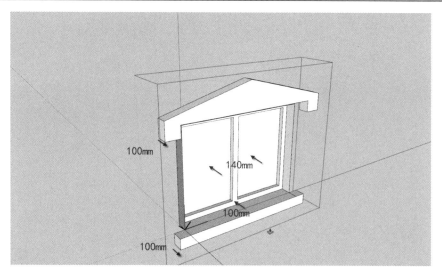

图 9.63　推拉出窗户的厚度

（6）创建并赋予材质。在"材料"面板中单击"创建材质"按钮，在弹出的"创建材质"对话框中输入材质名称为"大理石"，勾选"使用纹理图像"复选框，在弹出的"选择图像"对话框中选择一张贴图，单击"确定"按钮，如图 9.64 所示。再新建一个玻璃的材质，输入材质名称为"玻璃"，设置颜色为 R=144、G=189、B=209，单击"确定"按钮，如图 9.65 所示。然后将材质赋予相应的对象，如图 9.66 所示。

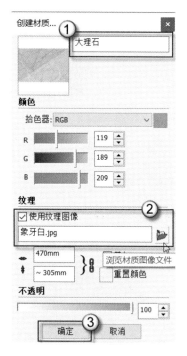

图 9.64　创建大理石材质

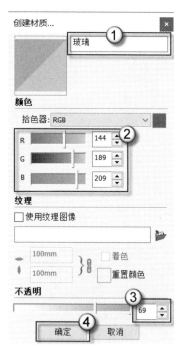

图 9.65　创建玻璃材质

（7）确定窗户的位置。使用"卷尺"工具绘制出窗户的辅助定位线，如图 9.67 所示。然后用"移动"工具将窗户组件的原点与辅助线交点对齐，如图 9.68 所示。

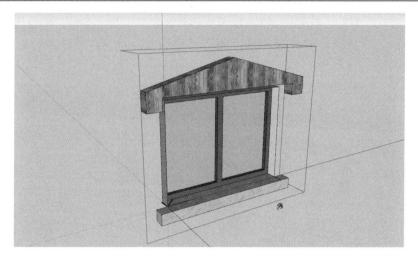

图 9.66　将材质赋予相应对象

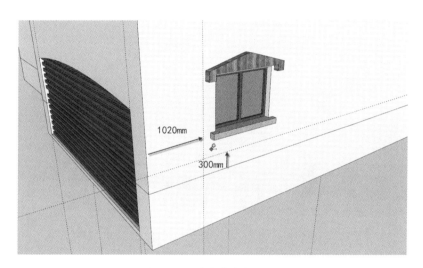

图 9.67　确定窗户的位置

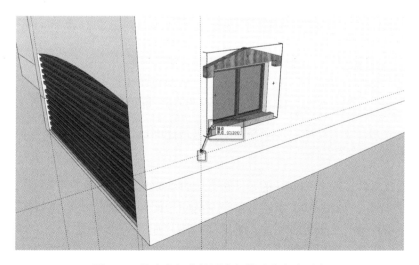

图 9.68　将窗户组件的原点与辅助线交点对齐

（8）复制窗户组件。首先按照 CAD 图纸将其他几个同尺寸的窗户的位置确定出来，如图 9.69 所示。然后按住 Ctrl 键不放，用"移动"工具将窗户复制到相应的位置，如图 9.70 所示。

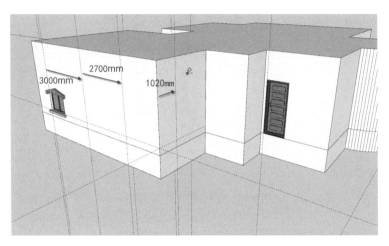

图 9.69　确定其他几个同类型窗户的位置

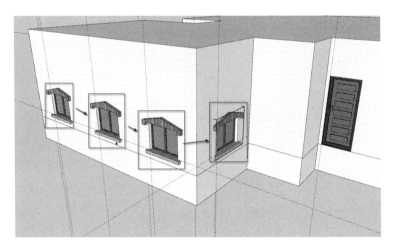

图 9.70　将窗户复制到相应的位置

（9）创建同类型不同尺寸的窗户。绘制出另一种窗户辅助定位线，再将窗户复制过来，如图 9.71 所示。右击这个窗户（其为组件），在右键菜单中选择"设定为唯一"命令，在"图元信息"卷展栏的"定义"输入框中输入 C0916，即新窗的编号，如图 9.72 所示。

🔔注意：此处使用"设定为唯一"命令，就是取消这个组件与同名的其他组件之间的关联关系。

（10）修改组件。双击 C0916 的窗，进入组件编辑模式，然后选中模型上面的部分将其向上移动 700mm，如图 9.73 所示。再分别选中中间和右边的部分，将它们分别向左移动 150mm 和 300mm，如图 9.74 所示。修改后的窗户如图 9.75 所示。

（11）复制组件。先用"卷尺"工具绘制出另一面墙中 C0916 窗的辅助定位线，然后按住 Ctrl 键不放，用"移动"工具将其复制并移动到这个位置上，如图 9.76 所示。

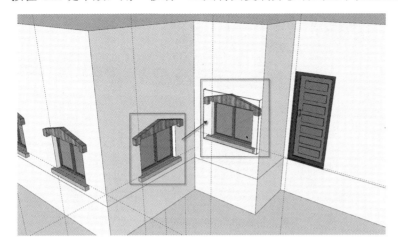

图 9.71　复制一个窗户到另一墙面以创建同类型的其他窗户　　　　图 9.72　修改模型定义

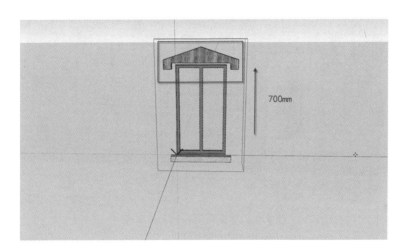

图 9.73　修改窗户高度

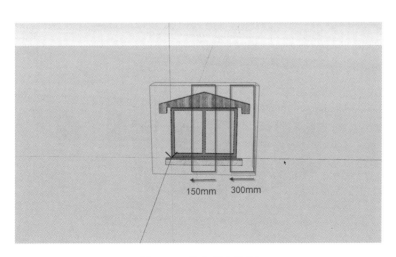

图 9.74　修改窗户宽度

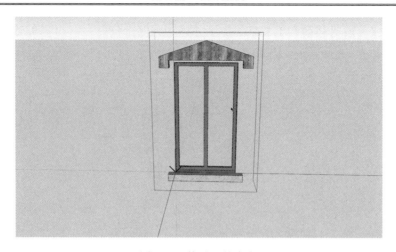

图 9.75　修改后的窗户

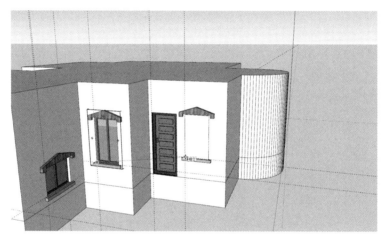

图 9.76　复制该窗户到另一墙面

使用同样的方法将一层的其他窗户绘制出来，如图 9.77 所示。注意，将窗制作成组件时，只有一扇窗用"群组"模式，有两扇以上的窗用"组件"模式。

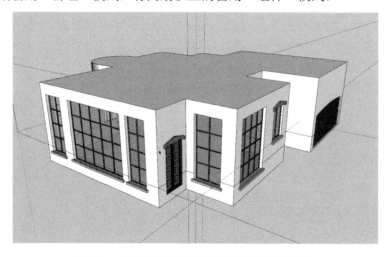

图 9.77　用同样方法将其他几个窗户制作处出来

9.3　台阶设计

室外台阶与坡道是设在建筑物出入口的辅助配件，用来解决建筑物的室内外的高差问题。建筑物中多采用台阶，当有车辆通行或考虑无障碍通道时可采用坡道。

9.3.1　台阶

主入口有两处台阶。一处台阶的梯段尺寸是 150mm×300mm，另一处台阶的梯段尺寸是 125mm×300mm。读者在绘制时要注意，尺寸如果错了，台阶是接触不到地面的。

（1）推拉出平台。使用"推/拉"工具将平台拉出并与前面的墙体对齐，如图 9.78 所示。然后将平台上面向下压 50mm，如图 9.79 所示。

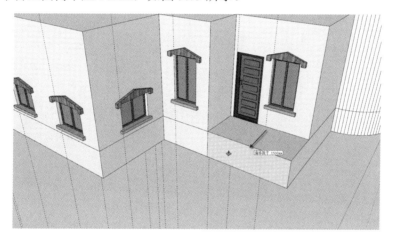

图 9.78　推拉出平台

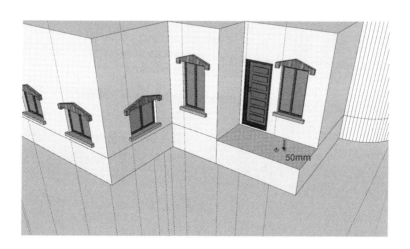

图 9.79　将平台向下推拉

（2）制作下面的平台。按照 CAD 图纸绘制下面平台上的辅助线，如图 9.80 所示。然后绘制矩形并删除多余的线段，如图 9.81 所示。接着将其拉出，效果如图 9.82 所示。

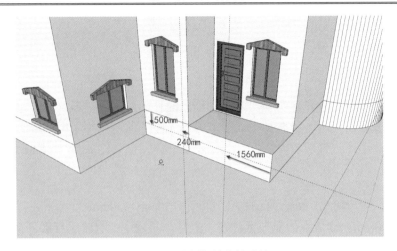

图 9.80 绘制相关的辅助线

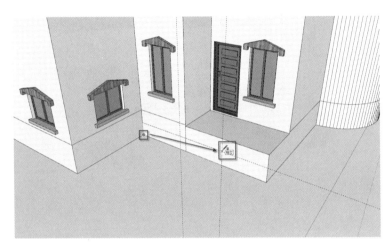

图 9.81 绘制矩形

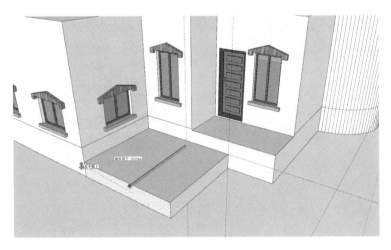

图 9.82 拉出平台

（3）绘制台阶。按照图 9.83 绘制的台阶形状，从下向上依次将其拉出 600mm 和 300mm 得到台阶，如图 9.84 所示。

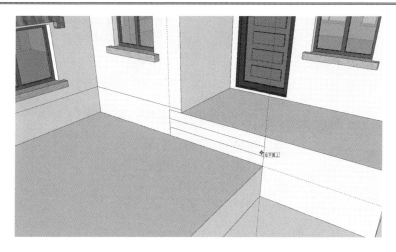

图 9.83　绘制台阶

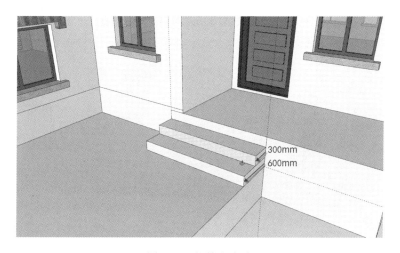

图 9.84　拉伸出台阶

（4）绘制另一部分的台阶。和上面的步骤一样，先绘制台阶的形状，然后将其拉出，效果如图 9.85 和图 9.86 所示。

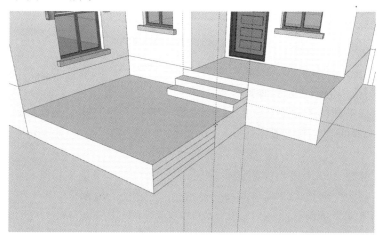

图 9.85　绘制台阶

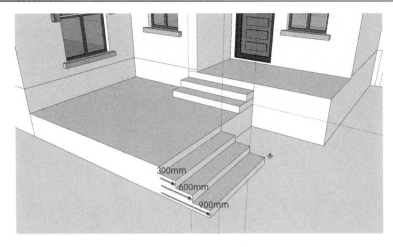

图 9.86 拉伸出台阶

依照以上方法，将其他几处台阶绘制出来，如图 9.87 所示。

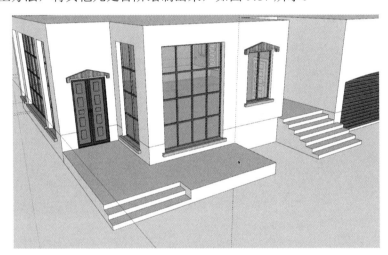

图 9.87 依照以上方法绘制出其他台阶

9.3.2 栏杆与扶手

栏杆和扶手由大量有规律的线和面组成，可以用路径跟随轻松地制作许多看似复杂的部件。首先绘制南边的扶手，具体操作如下：

（1）绘制扶手截面的轮廓。按照图 9.88 所示的尺寸绘制扶手截面的轮廓，并将其选中创建群组，为了便于后续步骤中使用，这里将创建好的群组复制一份备用，如图 9.89 所示。

（2）拉出扶手。双击进入群组编辑模式，使用"推/拉"工具将其拉出 4200mm，按住 Ctrl 键不放，用"推/拉"工具将其拉出 600mm，如图 9.90 所示。

（3）移动末端。使用"选择"工具选中扶手末端的面，然后使用"移动"工具将其向下移动 267mm，如图 9.91 所示。

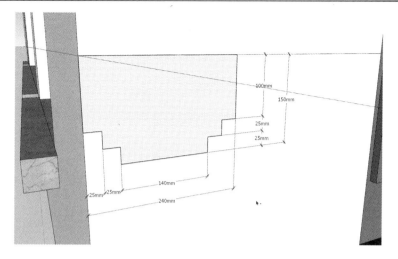

图 9.88 按照尺寸绘制出扶手截面的轮廓

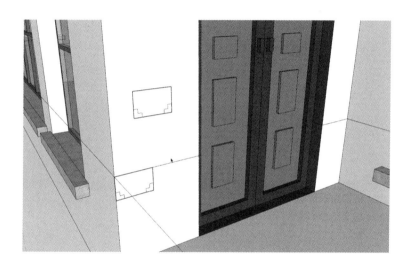

图 9.89 创建群组并复制一份备用

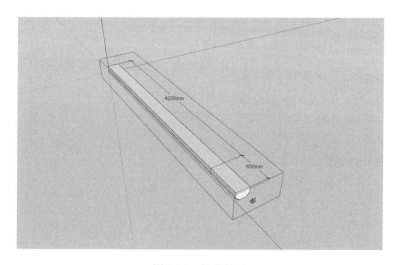

图 9.90 拉出扶手

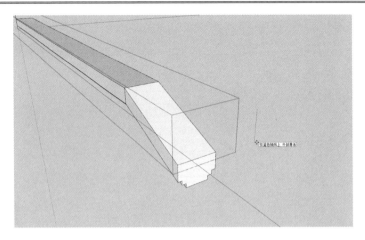

图 9.91　将扶手末端向下移动

（4）绘制细节。复制扶手末端下的两条竖线并分别向内侧移动，距离为 25mm 与 50mm，如图 9.92 所示。然后使用"推/拉"工具将其向另一侧推出，如图 9.93 所示。删除多余的线段完成绘制，如图 9.94 所示。

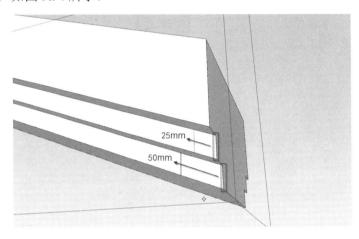

图 9.92　绘制细节

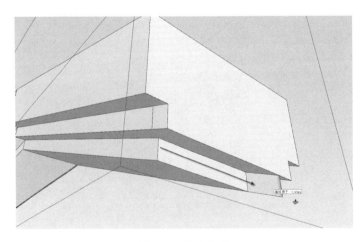

图 9.93　推出条纹

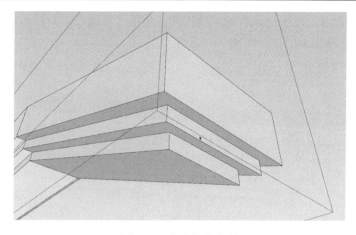

图 9.94   完成细节绘制

（5）赋予材质。按 Ctrl+A 快捷键，全部选中对象，按 B 快捷键发出"材质"命令，将之前制作的大理石材质赋予该扶手的各个表面完成扶手的制作，如图 9.95 所示。

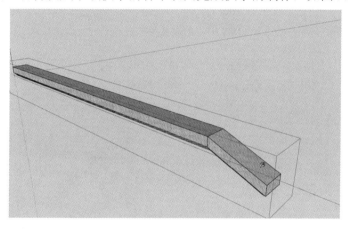

图 9.95   赋予材质

（6）绘制另一处扶手。使用"卷尺"工具创建另一处扶手的参考线，将刚刚留出的群组复制一份并放到参考线处，如图 9.96 所示。

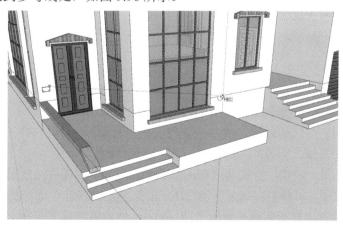

图 9.96   复制一个群组并放到另一处

（7）绘制外边线。双击进入群组编辑模式，使用"直线"工具依照 CAD 图纸中的尺寸将扶手外侧的边线绘制出来，如图 9.97 所示。

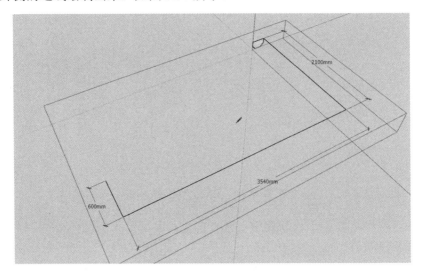

图 9.97　绘制扶手外边线

（8）制作扶手主体。使用路径跟随工具将扶手截面沿扶手外侧边线进行拖曳，将扶手的体块绘制出来，如图 9.98 所示。

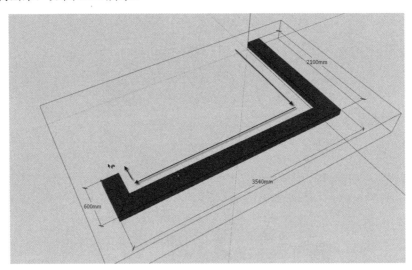

图 9.98　路径跟随

（9）赋予材质。按 Ctrl+A 快捷键全部选中对象，右击组件，在右键菜单中选择"反转平面"命令，将正门转到外侧，按 B 快捷键发出"材质"命令，将之前制作的大理石材质赋予扶手的各个表面，完成扶手的制作，如图 9.99 所示。

（10）添加细节。将扶手末端与底部的细节绘制出来，完成后的效果如图 9.100 所示。

（11）绘制柱子。将模型转到另一侧，这里的扶手连接在柱子上，因此应先绘制柱子，用"矩形"工具绘制出柱子截面，如图 9.101 所示。然后用"推/拉"工具将其拉到和建筑主体齐平的位置，如图 9.102 所示。

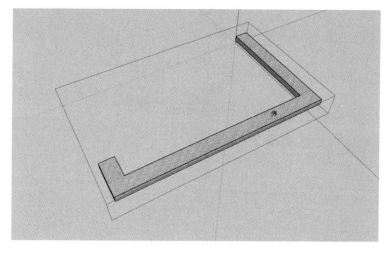

图 9.99 赋予材质

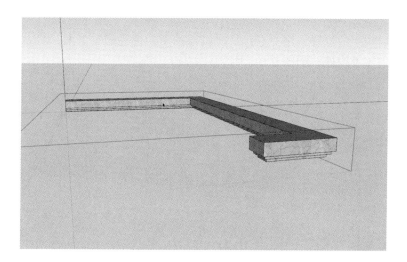

图 9.100 添加细节

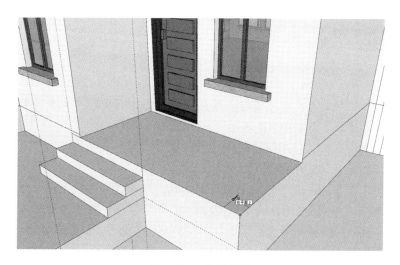

图 9.101 绘制柱子

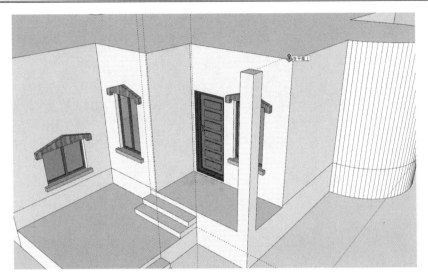

图 9.102　将柱子拉起来

（12）确定扶手的位置。用"卷尺"工具将扶手的位置确定下来，然后将刚才留出的群组复制一份到参考线处，如图 9.103 所示。

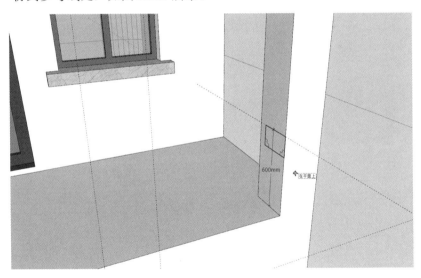

图 9.103　将刚才保留的群组再复制一份

（13）绘制外边线。双击进入群组，使用"直线"工具依照 CAD 图纸中的尺寸将扶手外侧的边线绘制出来，如图 9.104 所示。

（14）制作扶手主体。使用路径跟随工具将扶手截面沿扶手外侧边线拖曳，将扶手的体块绘制出来，如图 9.105 所示。

（15）交错平面。为了便于将扶手的高差绘制出来，我们在扶手转角处使用交错平面功能将扶手分割开。在横截面所在平面上绘制一个矩形平面，如图 9.106 所示。然后右击这个平面，在右键菜单中选择"交错平面"|"模型交错"命令，然后删除多余的线段即可，如图 9.107 所示。

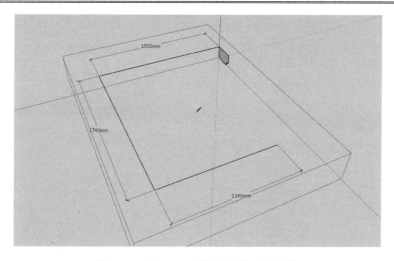

图 9.104　按 CAD 图纸画出扶手外围线

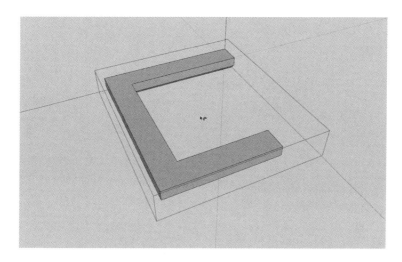

图 9.105　路径跟随

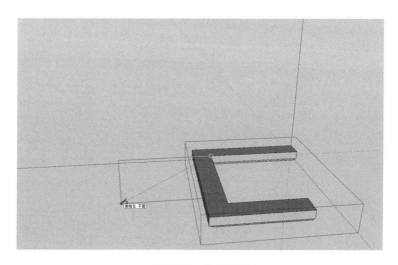

图 9.106　绘制矩形

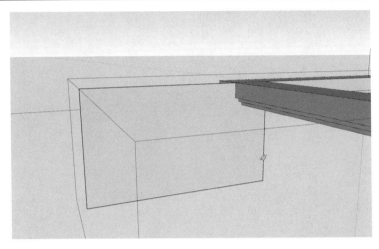

图 9.107　交错平面

（16）完成其他交错平面。用上一步的方法将模型另外两处高度发生变化的地方进行平面交错，如图 9.108 和图 9.109 所示。

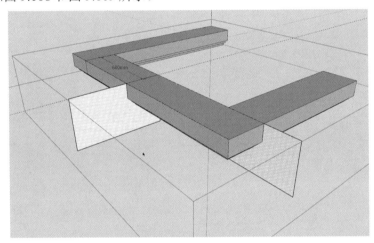

图 9.108　创建其他两个交错平面

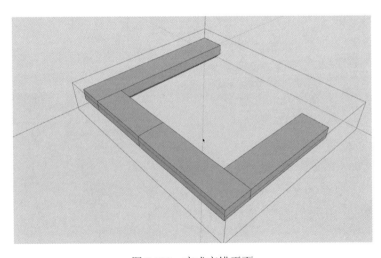

图 9.109　完成交错平面

（17）调整模型。框选右侧所有的边线，如图 9.110 所示。使用"移动"工具将其向下移动 450mm，如图 9.111 所示。

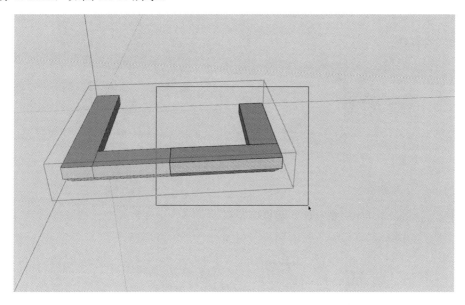

图 9.110　框选右侧的所有线

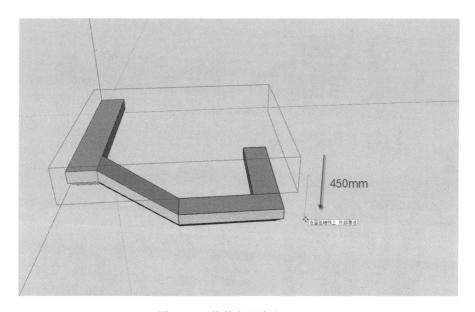

图 9.111　将其向下移动 450mm

再框选扶手末端的平面，并用"移动"工具将其向下移动 375mm，即可完成扶手高度差的处理，如图 9.112 所示。

（18）赋予材质并添加细节。绘制扶手端部和底部的细节，并赋予相应的材质，完成后的效果如图 9.113 所示。

（19）绘制其他扶手。按照以上步骤将其他各处的扶手绘制出来，如图 9.114 所示。

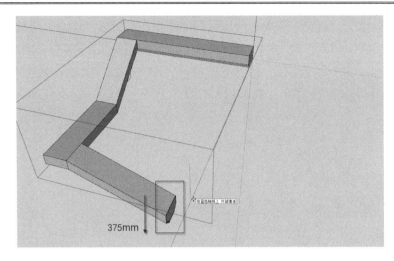

图 9.112　再框选末端平面将其向下移动

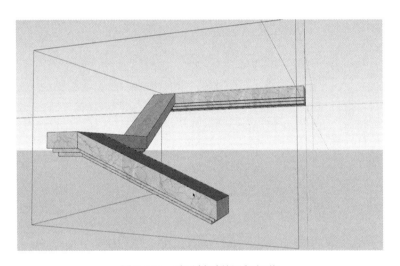

图 9.113　赋予材质并添加细节

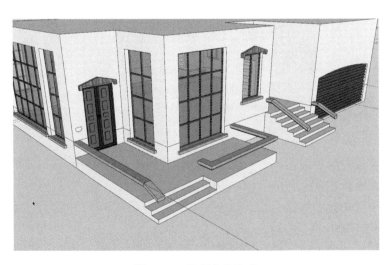

图 9.114　绘制其他扶手

（20）制作栏杆截面。首先绘制一个平面，然后在这个平面上绘制柱子的半个截面的轮廓，如图 9.115 所示。轮廓的具体尺寸参看 CAD 图纸。

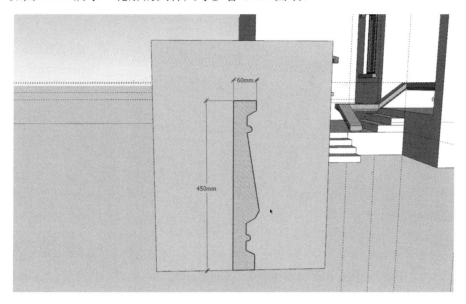

图 9.115　绘制柱子的半个截面的轮廓

（21）绘制路径。按 C 快捷键发出"圆"命令，从中心向边缘绘制路径，并删除自动生成的面，如图 9.116 所示。

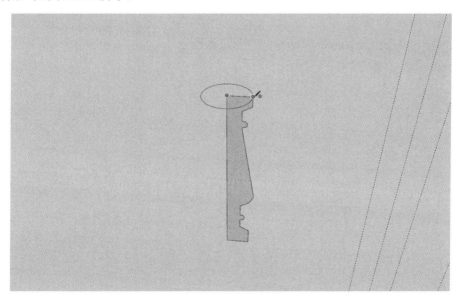

图 9.116　绘制路径

（22）绘制柱子。使用"路径跟随"工具将截面沿路径绕一圈便可以轻松地绘制出栏杆的单个柱子，如图 9.117 所示。

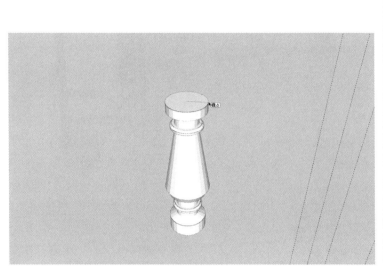

图 9.117　绘制柱子　　　　　　　　　　　　图 9.118　创建柱子材质

（23）创建并赋予材质。在"材料"面板中单击"创建材质"按钮，在弹出的"创建材质"对话框中输入材质名称为"柱子"，设置颜色为 R=254、G=255、B=241，由于之前的材质使用了贴图，会默认勾选"使用纹理图像"复选框，这里应取消该复选框的勾选，单击"确定"按钮，如图 9.118 所示。然后将材质赋予相应的对象，如图 9.119 所示。

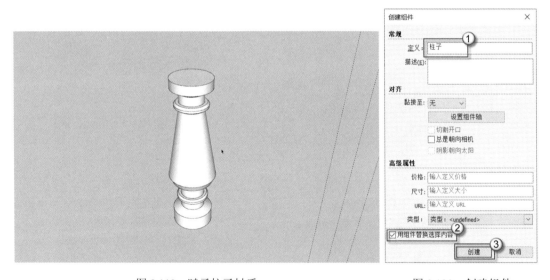

图 9.119　赋予柱子材质　　　　　　　　　　图 9.120　创建组件

（24）创建组件。三击柱子将其完全选中，按 G 快捷键发出"创建组件"命令，按照图 9.120 中所示设定组件。

（25）放置组件。将创建好的组件按照图纸给出的位置放置好，如图 9.121 所示。

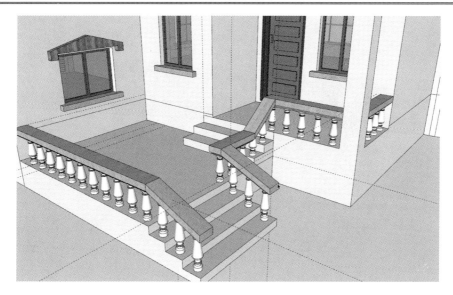

图 9.121　放置柱子

9.3.3　坡道

与台阶相比,坡道往往是为了解决室内外高差相差较小的问题而设置的。本例中的坡道是连接车库与地坪,位置在卷帘门外。

(1)绘制坡道底面。按 R 快捷键发出"矩形"命令,从台阶向墙角绘制一个矩形框,如图 9.122 所示。

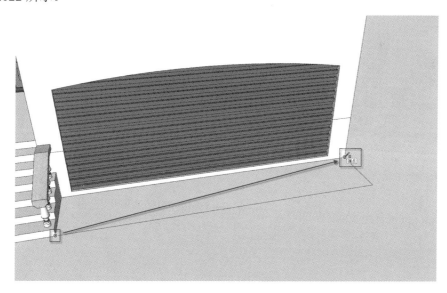

图 9.122　绘制坡道底面

(2)绘制坡道面。按 L 快捷键发出"直线"命令,绘制构成坡道的 4 根线,如图 9.123 所示。绘制完成后坡道平面便会自动生成面。

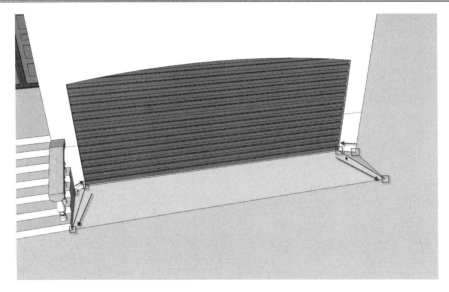

图 9.123　绘制坡道

注意：这是一个三坡面的汽车坡道，设置为三坡面是为了排水考虑。

（3）赋予材质。按 B 快捷键发出"材质"命令，将之前制作的"外墙"材质应用于该坡道的各个表面，如图 9.124 所示。

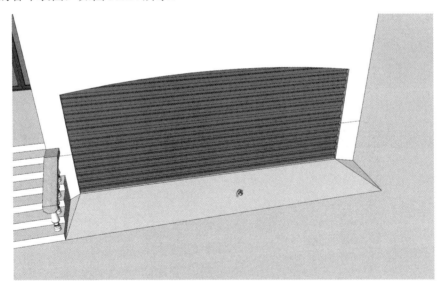

图 9.124　赋予材质

9.4　二　层　设　计

完成一层的建模之后，二层的操作就比较简单了。一方面是因为一层的构件本身就比二层复杂，另一方面是通过一层的操作对整体建筑已经有了大致的了解。

9.4.1　二层墙体

二层的墙体较一层略有区别，有些位置需要向内收，以露出一个平面供主人休憩之用，还有些二层的墙体则是与一层完全对齐。具体操作如下：

（1）绘制露台的位置。依照 CAD 图纸中所示的尺寸将二层露台的轮廓线绘制出来，如图 9.125 所示。

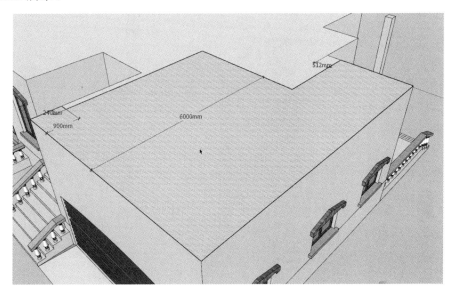

图 9.125　绘制出露台的轮廓

（2）绘制辅助线。使用"卷尺"工具和"量角器"工具将不规则处墙面轮廓的参考线绘制出来，如图 9.126 所示。然后依照辅助线绘制墙面，如图 9.127 所示。

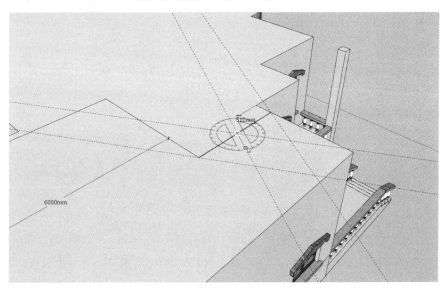

图 9.126　绘制辅助线

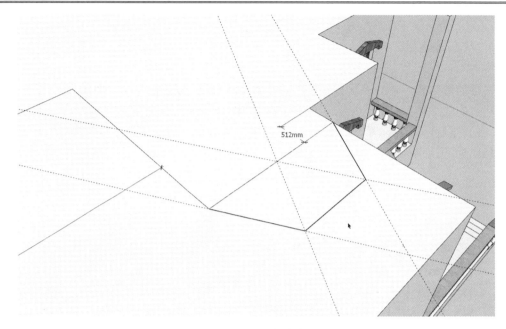

图 9.127　绘制轮廓

（3）推拉出露台。使用"推/拉"工具将车库上面的那个露台向下推出 1500mm 的距离，如图 9.128 所示。

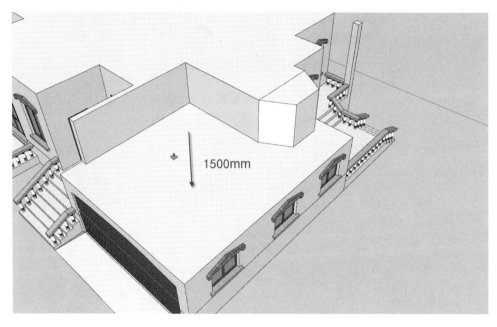

图 9.128　将车库上的露台向下推出

（4）将二层补全。因一层与二层楼层平面不同，我们需要将二层平面缺失的地方补齐。绘制一条距一层地板 3000mm 的辅助线，如图 9.129 所示。然后绘制一条直线，再将划分出的面拉出至与周围墙面齐平，如图 9.130 所示。

用同样的方法处理另一边，如图 9.131 所示。

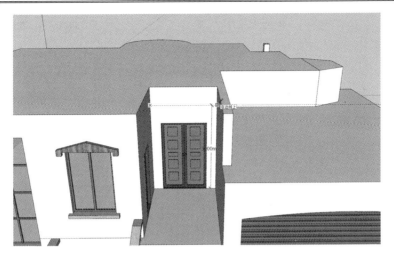

图 9.129　绘制直线

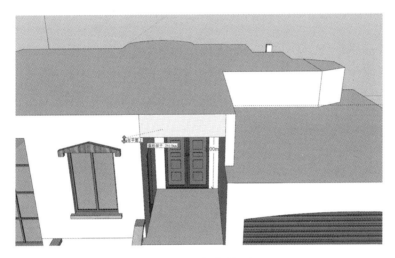

图 9.130　将平面拉出

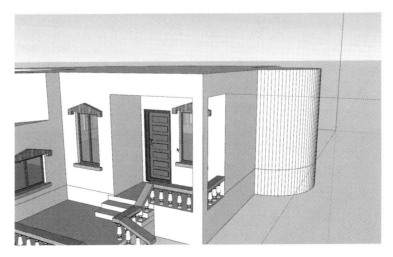

图 9.131　处理另一边

（5）将二层各部分拉起。先用"推/拉"工具将二层整体拉起 2900mm，如图 9.132 所示。然后绘制各部分的分割线，如图 9.133 所示。划分完后将各个部分分别拉起，如图 9.134 所示。

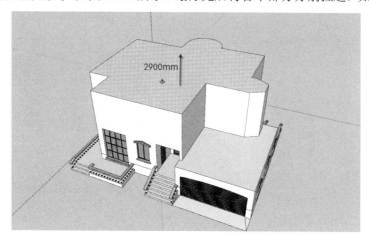

图 9.132　向上拉起 2900mm

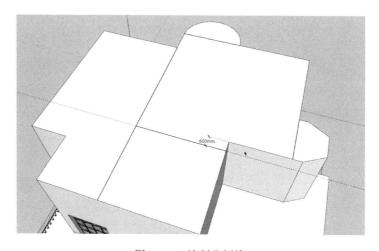

图 9.133　绘制分割线

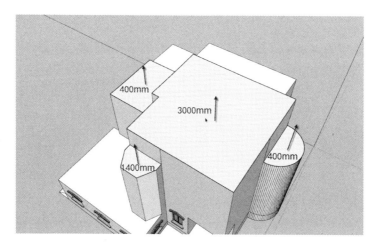

图 9.134　分别向上拉伸

（6）创建并赋予材质。整理模型，删除多余的线段，补上缺失的线段，如图 9.135 所示。在"材料"面板中单击"创建材质"按钮，在弹出的"创建材质"对话框中输入材质名称为"砖墙"，勾选"使用纹理图像"复选框，在弹出的"选择图像"对话框中选择一张贴图，设置颜色为 R=152、G=73、B=58，调整贴图尺寸的长边为 1000mm，单击"确定"按钮。如图 9.136 所示。将材质赋予相应的对象，如图 9.137 所示。

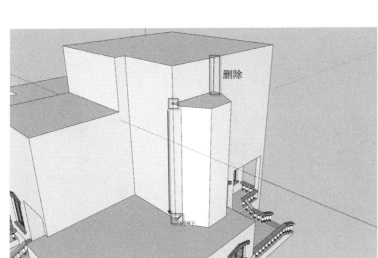

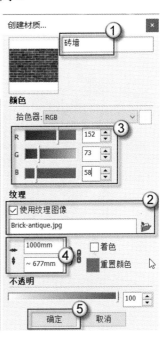

图 9.135　删除多余的线段并补上缺失的线段　　　　图 9.136　创建材质

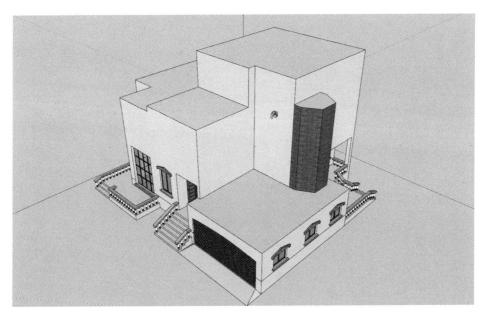

图 9.137　赋予材质

9.4.2 阳台和露台

（1）绘制阳台体块。使用"卷尺"工具确定阳台的位置，然后用"矩形"工具将体块在墙面上的轮廓绘制出来，如图9.138所示。再用"推/拉"工具将阳台拉出来，如图9.139所示。

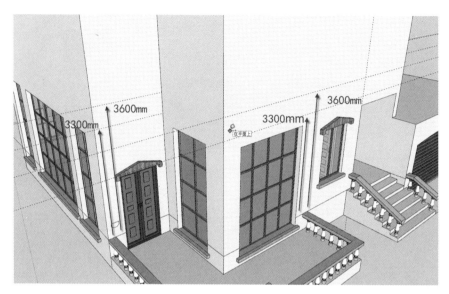

图 9.138　确定阳台的位置

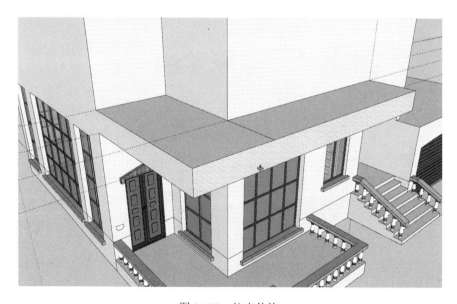

图 9.139　拉出体块

（2）添加细节。使用"路径跟随"工具和"推/拉"工具将阳台体块上的凹凸细节绘制出来，如图9.140所示。

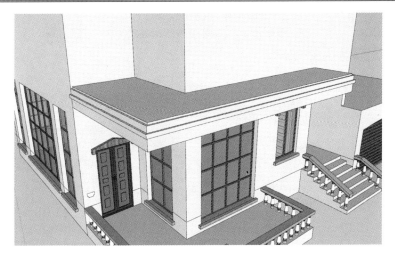

图 9.140　添加细节

（3）创建并赋予材质。创建金属材质，在"材料"面板中单击"创建材质"按钮，在弹出的"创建材质"对话框中输入材质名称为"木板"，勾选"使用纹理图像"复选框，在弹出的"选择图像"对话框中选择一张贴图，设置颜色为 R=170、G=121、B=65，调整贴图尺寸为 1000mm，单击"确定"按钮，如图 9.141 所示。然后将制作好的材质赋予地板，如图 9.142 所示。

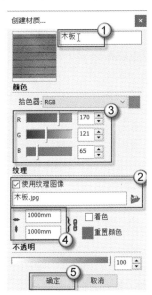

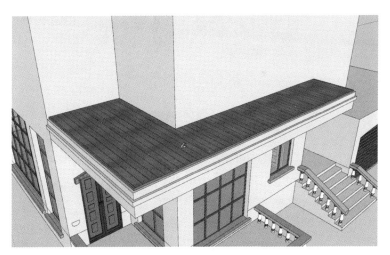

图 9.141　创建材质　　　　　　　　　　　　　　　图 9.142　赋予材质

（4）绘制其他阳台和露台。用以上的方法将模型其他几处的阳台和露台绘制出来，如图 9.143 所示。

（5）绘制相应的扶手和栏杆。用前面介绍的方法将各个平台上的扶手和栏杆绘制出来，如图 9.144 所示。

（6）绘制门窗。将之前制作的门窗组件按照前面介绍的方法稍作修改后便可作为二层和三层的门窗，这里不过多赘述。制作完成后的效果如图 9.145 所示。

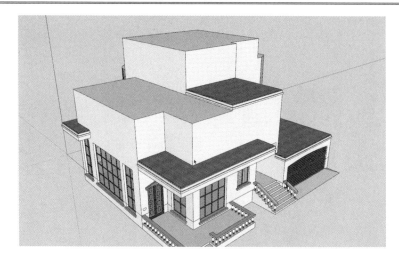

图 9.143　其他露台和阳台

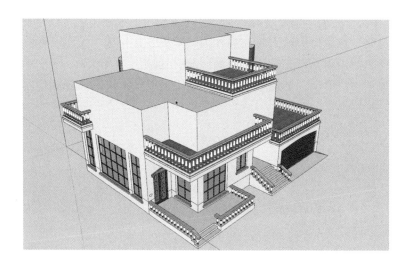

图 9.144　绘制其他扶手和栏杆

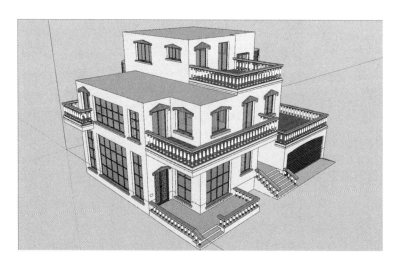

图 9.145　绘制门窗

9.5 屋 顶 设 计

屋顶是建筑顶部的承重和围护构件，一般由屋面、保温（隔热）层和承重结构三部分组成。屋顶又被称为建筑的"第五立面"，对建筑的形体和立面形象有较大的影响，屋顶的形式将直接影响建筑物的整体形象。

屋顶一般分为平屋顶、坡屋顶和其他屋顶（如悬索、薄壳、拱、折板屋面等）3 种，本例中的屋顶是坡屋顶。

9.5.1 四坡屋顶

四坡屋顶由一根正脊线、四条斜脊线及四个方向的坡面组合而成，又叫"四阿顶"。具体制作方法如下。

（1）绘制平面轮廓。依照 CAD 图纸所示的尺寸绘制四坡屋顶的平面轮廓。然后将其选中创建为群组，如图 9.146 所示。

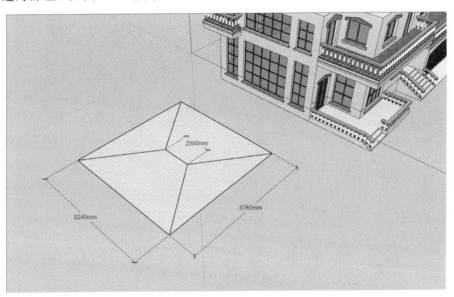

图 9.146 绘制平面轮廓

（2）将屋脊拉起。双击进入群组编辑模式，选中中心的直线，用"移动"工具将其向上移动 1700mm，如图 9.147 所示。可以看到屋顶的三维结构已经形成了。

（3）创建并赋予材质。在"材料"面板中单击"创建材质"按钮，在弹出的"创建材质"对话框中输入材质名称为"屋顶"，勾选"使用纹理图像"复选框，在弹出的"选择图像"对话框中选择一张贴图，设置颜色为 R=0、G=14、B=22，调整材质尺寸为 1000mm，单击"确定"按钮，如图 9.148 所示。

（4）绘制檐口截面。在屋顶的一角绘制檐口的截面轮廓，如图 9.149 所示。然后使用"路径跟随"工具将截面沿屋顶底面的四周进行拖曳生成檐口，如图 9.150 所示。

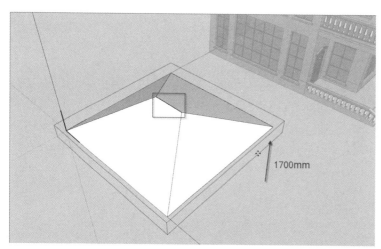

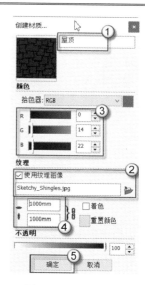

图 9.147　将屋脊拉起

图 9.148　创建材质

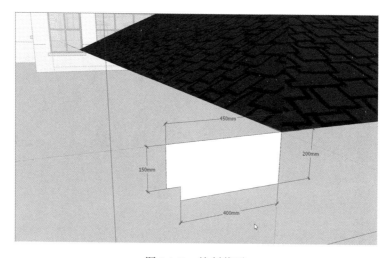

图 9.149　绘制截面

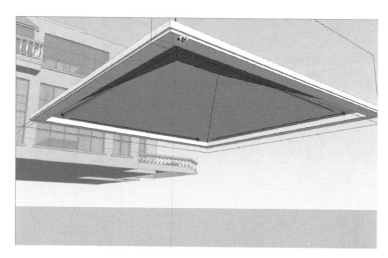

图 9.150　制作檐口

（5）放置屋顶。单击空白处退出组件编辑模式。然后将屋顶组件移动至相应位置完成四坡屋顶的绘制，如图 9.151 所示。

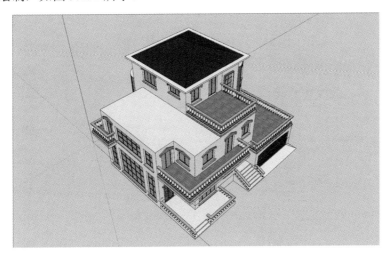

图 9.151　将屋顶组件移动至相应位置

9.5.2　复合屋顶

在二层的上面，有一个多坡向的复合型坡屋顶，制作起来略复杂一些，具体操作如下：

（1）绘制平面轮廓。依照 CAD 图纸所示的尺寸绘制用于组合复合屋顶的两个屋顶的平面轮廓，并将其选中创建为群组，如图 9.152 所示。

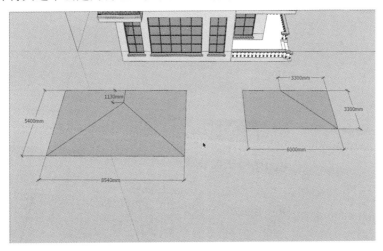

图 9.152　绘制用于组合复合屋顶的两个屋顶

（2）将屋脊拉起。双击进入群组，选中中心的直线，用"移动"工具将其向上分别移动 1100mm 和 825mm，如图 9.153 所示。

（3）将两个屋顶组合。用"移动"工具将两个屋顶组合起来，如图 9.154 所示。然后选中屋顶，右击模型，在右键菜单中选择"交错平面" |"模型交错"命令，然后删除多余的线段。完成后将模型制作为群组，结果如图 9.155 所示。

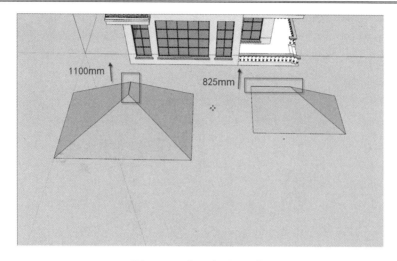

图 9.153　将两个屋顶拉起

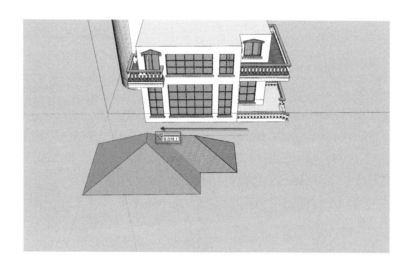

图 9.154　将两个屋顶组合

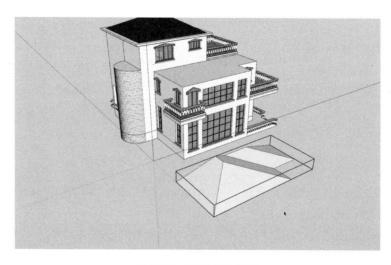

图 9.155　调整后的模型

（4）绘制檐口截面。在屋顶的一角绘制檐口的截面轮廓，如图 9.156 所示。然后使用"路径跟随"工具将截面沿屋顶底面的外侧轮廓线进行拖曳，如图 9.157 所示。

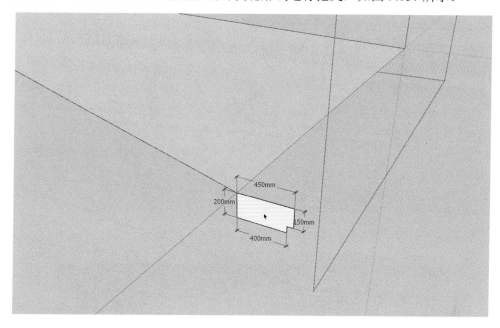

图 9.156　绘制檐口截面

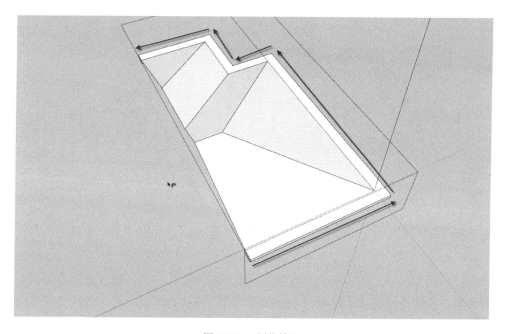

图 9.157　制作檐口

（5）放置屋顶。单击空白处退出组件编辑模式。然后将屋顶组件移至相应位置，完成四坡屋顶的绘制，如图 9.158 所示。

用以上方法将另一侧的小屋顶也绘制出来，如图 9.159 所示。

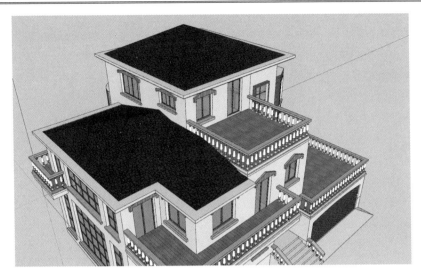

图 9.158　赋予材质并移动到相应的位置

图 9.159　绘制另一处屋顶

9.5.3　烟囱

烟囱是一种为锅炉或壁炉的热烟雾提供通风功能的构件。烟囱通常是垂直的，或尽可能接近垂直，以确保烟雾能平稳流动。烟囱内的空间被称为烟道。烟囱的高度一般应高出屋面。

（1）绘制烟囱的体块。先绘制一个 540mm×790mm 的矩形，然后将其向上拉起1600mm，如图 9.160 所示。

（2）调整形状。选中顶面和其周围边线，按住 Ctrl 键不放，使用"移动"工具将边线向下复制两次，如图 9.161 所示。然后用"推/拉"工具将烟囱形状制作出来并删除多余的边线，如图 9.162 所示。

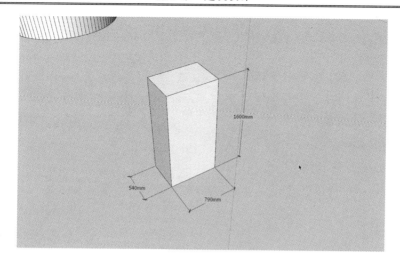

图 9.160　拉出体块

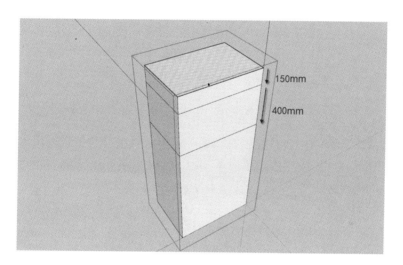

图 9.161　复制边线

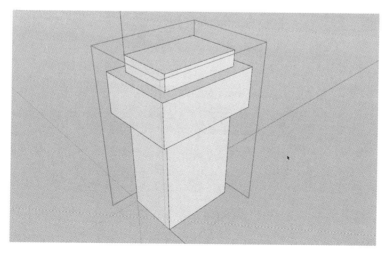

图 9.162　调整形状

（3）丰富细节。用"推/拉"工具将烟囱上部的各个面上的细节绘制出来，效果如图9.163所示。

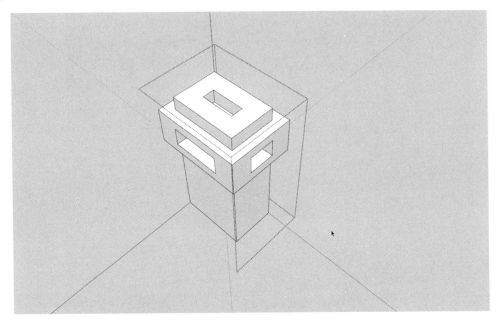

图 9.163 丰富细节

（4）赋予材质。按 Ctrl+A 快捷键全部选中对象，再按 B 快捷键发出"材质"命令，将之前制作的"墙面"材质应用到烟囱上，如图 9.164 所示。

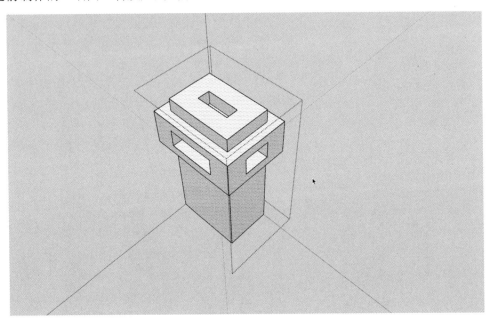

图 9.164 赋予材质

（5）放置烟囱。单击空白处退出组件编辑模式，然后将烟囱移至相应位置，完成整个模型的绘制，如图 9.165 所示。

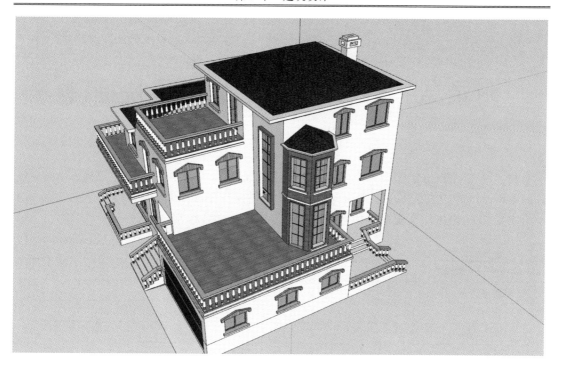

图 9.165　将烟囱放置在屋顶

附录 A   SketchUp 中的常用快捷键

在使用 SketchUp 绘图时,需要使用快捷键进行操作,从而提高设计、建模、作图和修改的效率。读者应通过本书的学习养成使用快捷键操作 SketchUp 的习惯。下面的表 A.1 中给出了 SketchUp 中常见的快捷键使用方式,以方便读者经常查阅。

表A.1   SketchUp中的常用快捷键

命 令 名 称	快 捷 键
新建	【Ctrl】+【N】
打开	【Ctrl】+【O】
保存	【Ctrl】+【S】
打印	【Ctrl】+【P】
撤销	【Ctrl】+【Z】
剪切	【Ctrl】+【X】或【Shift】+【Delete】
复制	【Ctrl】+【C】
粘贴	【Ctrl】+【V】
删除	【Delete】或【E】
重复	【Ctrl】+【Y】
全选	【Ctrl】+【A】
取消选择	【Ctrl】+【T】
转动	【O】或【鼠标中键】
平移	【H】或【Shift】+【鼠标中键】
实时缩放	【Z】或【鼠标滚轮】
缩放窗口	【Ctrl】+【Shift】+【W】
缩放范围	【Ctrl】+【Shift】+【E】或双击【鼠标中键】
预览匹配照片	【I】
后边线	【K】
直线	【L】
圆弧	【A】
矩形	【R】
圆形	【C】
选择	【Space】
增加选择	【Ctrl】+【鼠标左键】
减少选择	【Ctrl】+【Shift】+【鼠标左键】
增加/减少选择	【Shift】+【鼠标左键】

续表

命 令 名 称	快 捷 键
材质	【B】
移动	【M】
旋转	【Q】
缩放	【S】
推/拉	【P】
偏移	【F】
卷尺	【T】
组件	【G】

　　自定义快捷键的方法是：选择菜单栏的"窗口"|"系统信息"命令，在弹出的"SketchUp系统设置"对话框中，选择"快捷方式"选项卡，在"功能"栏中找到所需要自定义快捷键的命令，在"添加快捷方式"栏中输入需要定义的快捷键，单击⊞按钮，再单击"确定"按钮，如图 A.1 所示。

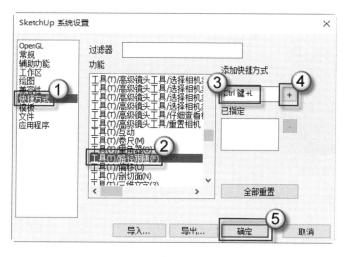

图 A.1　自定义快捷键

附录 B 图 纸

环岛式厨房橱柜设计图纸

序 号	图 名	比 例	页 码
1	平面图	1:50	327
2	A立面图	1:50	328
3	B立面图	1:50	329
4	C立面图	1:50	330
5	D立面图	1:50	331
6	E立面图	1:50	332
7	台面一（岛台）装配图	/	333
8	台面二（中柜台面+地柜台面）装配图	/	334

做法一览表

代 码	详 细 做 法	代 码	详 细 做 法
W1	单门吊柜左开	F1、F2	三抽地柜
W2	单门吊柜右开	F3	单门地柜-左开
W3	开放柜	F4	凯斯宝马180°转篮柜-右开
W4	对开门工艺吊柜	F5	雪弗板对开门水槽柜
W5	转角L型吊柜-左开	F6	单门地柜-右开
W6	开放柜	F7	单门地柜-左开
W7	对开门吊柜	F8	餐车
W8	单门吊柜-右开	F9	单门地柜-右开
H1	开门高柜-右开	F10	一层开放地柜
Z1、Z2	烤箱电器中柜	F11、F12	高抽地柜

图例

编号或图示	内 容	备 注
W	封面铺设	Wall的简写
H	高位柜体	High的简写
Z	中空	Zero的简写
F	地面铺设	Floor的简写
S	间隙	Space的简写
⌐ ⌐ ⌐	挡水	/
△	见光面	/
▨	建筑墙体	/

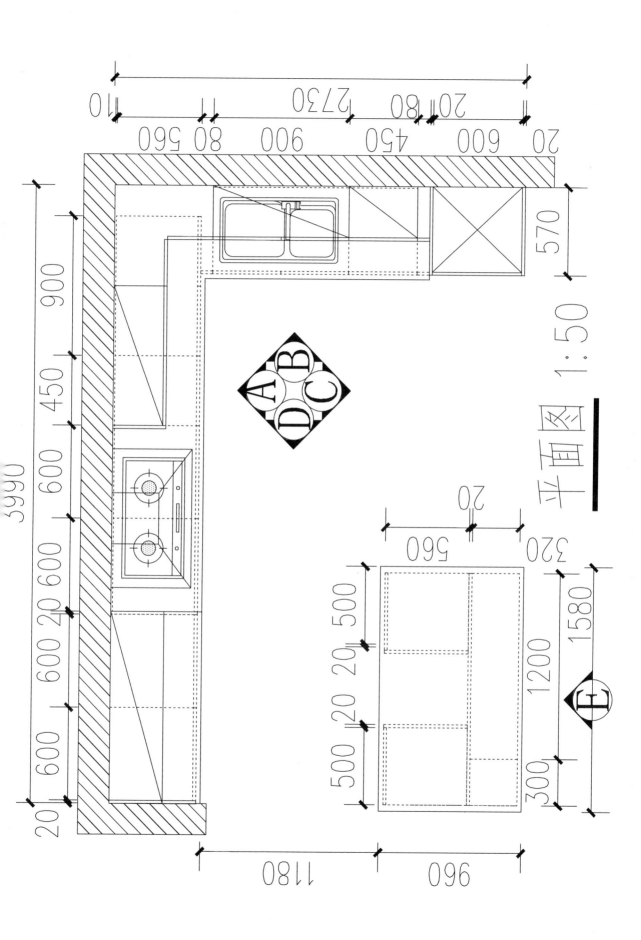

平面图 1:50

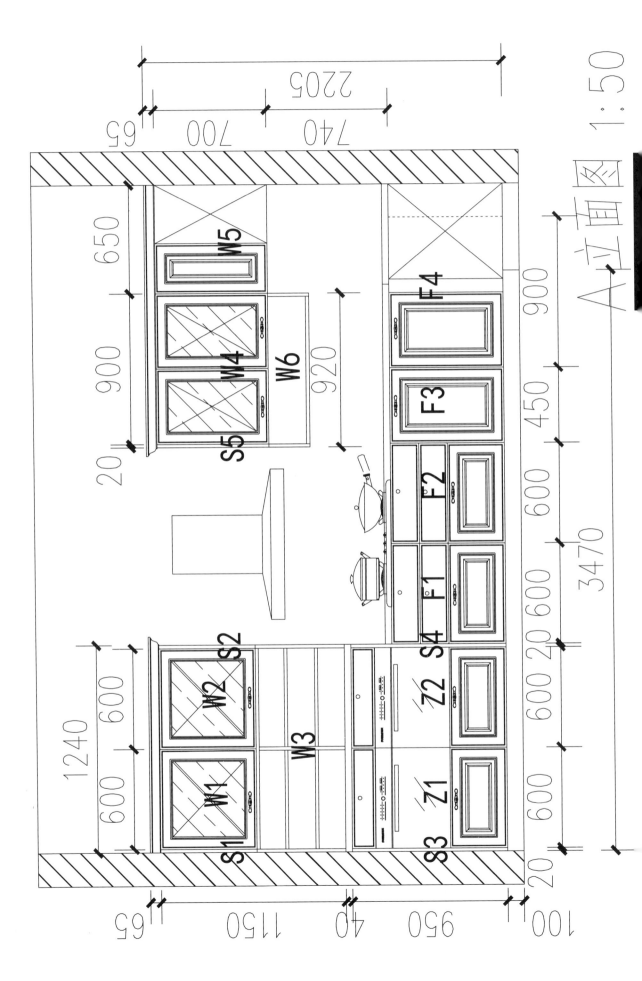

A 立面图 1:50

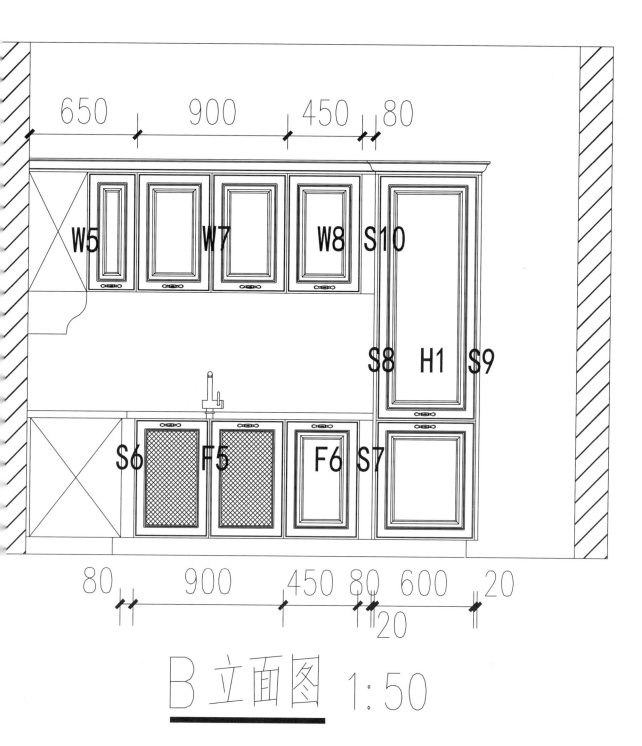

650　　900　　450　80

W5　　W7　　W8　S10

S8　H1　S9

S6　F5　F6　S7

80　　900　　450　80　600　20

20

B立面图 1:50

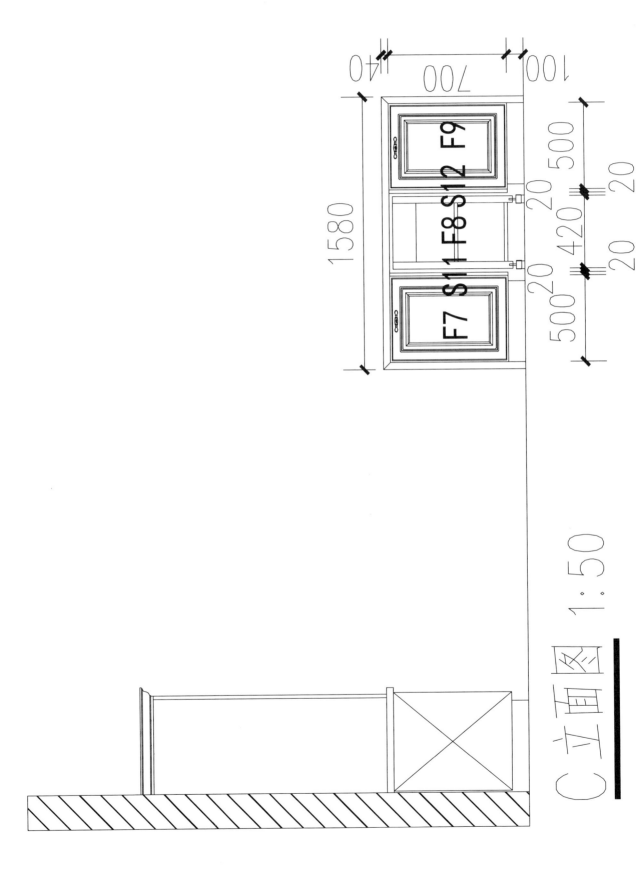

C 立面图 1:50

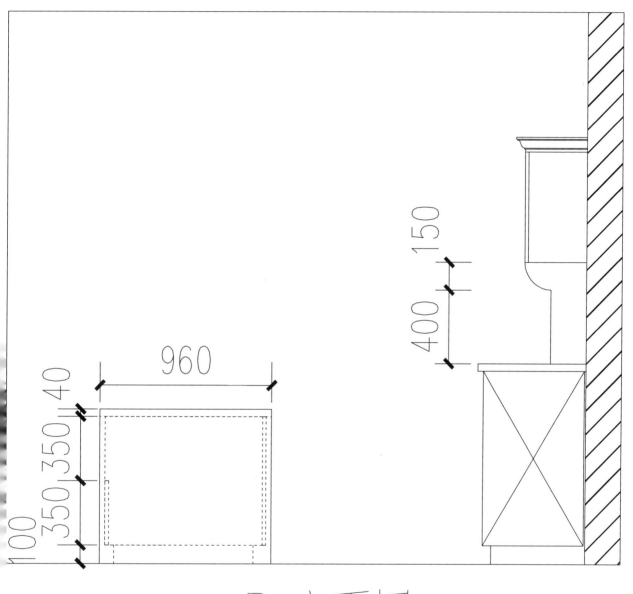

960

150

400

40

350

350

350

100

D立面图 1:50

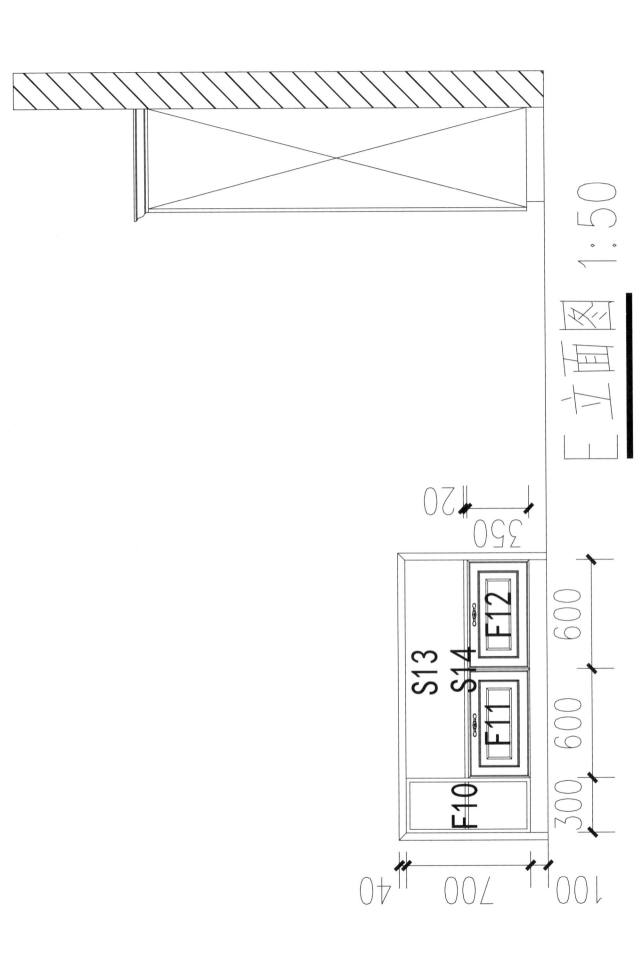

E 立面图 1:50

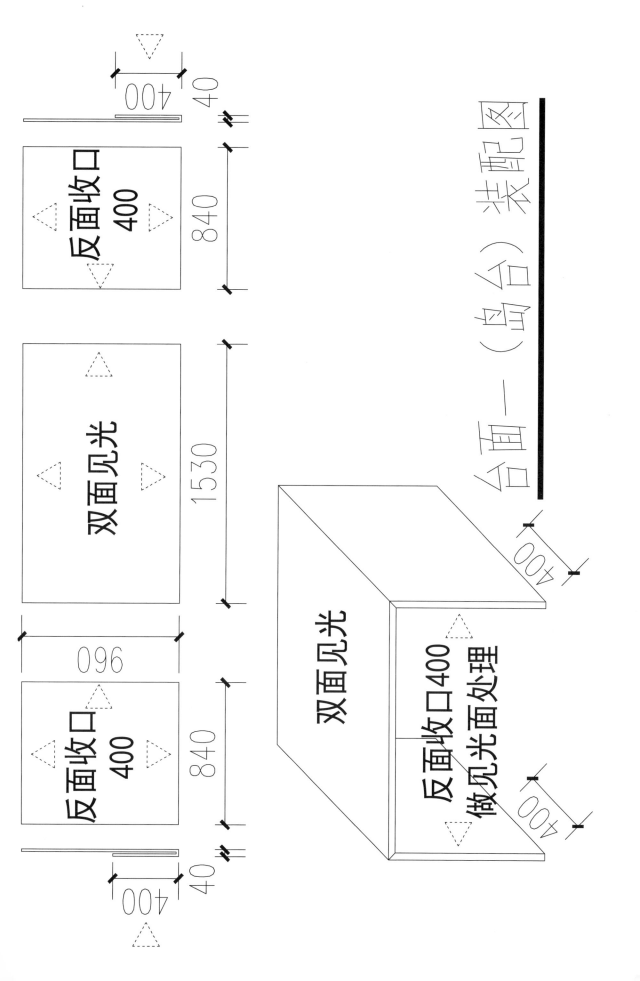

台面一（岛台）装配图

反面收口 400

双面见光

840

1530

960

840

40

400

40

400

双面见光

反面收口 400
做见光面处理

400

400

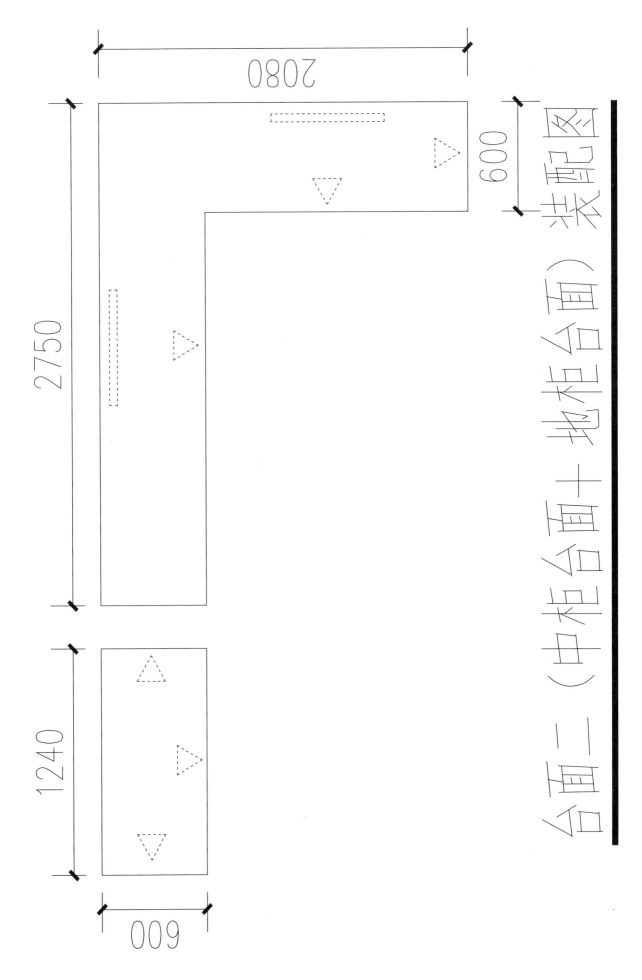

台面二（中柜台面＋地柜台面）装配图

2080

600

2750

1240

600